FACHWISSEN FEUERWEHR

Linde/Seeger

KNOTEN, STICHE, BUNDE UND ANSCHLAGMITTEL

2. Auflage 2023

ecomed
SICHERHEIT

Bibliografische Informationen der Deutschen Nationalbibliothek
Die Deutsche Nationalbibliothek verzeichnet diese Publikation in der Deutschen Nationalbibliografie; detaillierte bibliografische Daten sind im Internet über <http://www.dnb.de> abrufbar.

Bei der Herstellung des Werkes haben wir uns zukunftsbewusst für umweltverträgliche und wiederverwertbare Materialien entschieden.
Der Inhalt ist auf chlorfrei gebleichtes Papier gedruckt.

Aus Gründen der besseren Lesbarkeit wird in diesem Werk die Sprachform des generischen Maskulinums angewendet. Es wird darauf hingewiesen, dass die ausschließliche Verwendung der männlichen Form geschlechtsunabhängig zu sehen ist.

ISBN 978-3-609-68893-0

E-Mail: kundenservice@ecomed-storck.de

Telefon: 089/2183-7922
Telefax: 089/2183-7620

www.ecomed-storck.de

Titelbilder:
oben links und oben rechts: Marius Seeger
unten links: Christof Linde
unten rechts: X-CEN-TEK GmbH & Co. KG – pax-bags.com

Satz: abavo GmbH, 86807 Buchloe
Druck: Westermann Druck, Zwickau

Vorwort

Die Anforderungen an die Angehörigen der Feuerwehren haben sich im Laufe der letzten Jahre erheblich verändert. Genügten früher die Kenntnisse der normalen Brandbekämpfung, müssen heute selbst kleinere Feuerwehren die unterschiedlichsten Notlagen meistern können, um in Not geratene Menschen oder Tiere zu retten, Sachwerte zu erhalten und die Umwelt vor schädlichen Einwirkungen zu bewahren.

Dies ist jedoch nur möglich, wenn für alle Feuerwehrangehörigen eine umfassende und wirksame Aus- und Weiterbildung durchgeführt wird. Diese Forderung steht jedoch dem Problem gegenüber, dass diese Aus- und Weiterbildung von den meist freiwillig tätigen Angehörigen der Feuerwehren zusätzlich zu den immer weiter steigenden Anforderungen in deren Berufsleben und den vielfältigen Verpflichtungen im privaten oder familiären Bereich geleistet werden muss. Letztlich liegt es an jedem Feuerwehrangehörigen selbst, ob und in welchem Umfang er bereit ist, sich durch eine regelmäßige und aktive Teilnahme an der angebotenen Aus- und Weiterbildung den gesteigerten Anforderungen der Feuerwehr zu stellen.

Das Ziel der Broschürenreihe „Fachwissen Feuerwehr“ besteht darin, die Einsatzkräfte mit dem Wissen auszustatten, das in der heutigen Zeit erforderlich ist, um aufgabengerecht und wirkungsvoll tätig zu werden.

Die Funktionsbezeichnungen und personenbezogenen Begriffe gelten sowohl für weibliche, männliche oder diverse Feuerwehrangehörige.

Wenn man im Feuerwehrdienst von Grundlagen spricht, denken viele von Ihnen sicherlich auch an Knoten und Stiche. Sie gehören seit jeher zum unverzichtbaren Basiswissen eines jeden Feuerwehrangehörigen. Auch wenn einige von uns mit ihnen eher auf dem „Kriegsfuß“ stehen, ist es wichtig, dass die Knoten und Stiche im Einsatz zu jeder Zeit sicher beherrscht werden. Sei es beispielsweise bei der Rettung einer Person durch das gesicherte Absteigen über eine tragbare Leiter oder beim Befestigen einer Mehrzweckleine an einer Tauchmotorpumpe.

Vorwort

Auch wenn es in der Welt der Feuerwehrknoten in der Vergangenheit nur selten Veränderungen gab, aktualisieren sich doch die Lehrmeinungen und Empfehlungen von Zeit zu Zeit. So hat der bekannte „Kreuzknoten“ aufgrund seiner Verwechslungsgefahr endgültig ausgedient und der „doppelte Spierenstich“ findet angesichts der höheren Sicherheit Einzug.

Neben den bereits erwähnten Knoten und Stichen bieten Ihnen die folgenden Seiten ebenso einen Überblick über Anschlagmittel, Anschlagpunkte und Kriterien zu deren Beurteilung sowie über die Grundlagen des Anschlagens von Lasten.

Grundlagenwissen sichert oftmals einen schnellen und unkomplizierten Einsatzerfolg. Es ist daher wichtig, eben diese Grundlagen auf einem verständlichen und übersichtlichen Niveau zu vermitteln sowie regelmäßig aufzufrischen. Nutzen Sie dieses Werk als eine Möglichkeit zum Selbststudium oder als Nachschlagewerk zur Wissensvermittlung an Ihrem Standort.

Auf den Bereich der Absturzsicherung wird in dem vorliegenden Werk bewusst verzichtet. Dennoch sind die hier gezeigten Knoten und Stiche die elementaren Grundlagen für die Absturzsicherung und kommen dort ebenfalls zur Anwendung.

Auch zeichnet sich ein beginnender Trend weg von Knoten hin zu so genannten „knotenfreien“ Lösungen ab. Im Bereich der Absturzsicherung ist dieser in Grundzügen bereits angekommen und wird sich voraussichtlich auch im übrigen Einsatzdienst manifestieren. Eine Veränderung, welche die Arbeit der Feuerwehr noch sicherer machen und womöglich einige der Knoten, wie wir sie heute aus dem Feuerwehrdienst kennen, verdrängen wird. Das verdeutlicht, dass auch das System Feuerwehr ein lebendiger Prozess sein kann und muss, um eine höhere Sicherheit und Effizienz bei allen Einsätzen zu gewährleisten.

Im Gedenken an Christof Linde.

Neu-Isenburg, im Juli 2023 — Marius Seeger

Inhalt

1 Grundlagen

Bei Einsätzen der Feuerwehr kommen Leinen in unterschiedlichster Form zum Einsatz. Damit besteht automatisch auch die Notwendigkeit zum sicheren Verbinden von Leinen oder dem Anschlagen von Leinen an Personen oder Gegenständen.

Die im Feuerwehreinsatz vorkommenden Leinen sind:

- Feuerwehrleinen
- Mehrzweckleinen
- Seil-Schlauchhalter
- Bindestränge
- Sonstige Leinen und Stricke

Ebenfalls in diesem Bereich einzusortieren sind:

- Rundschlingen

Abbildung 1:
Feuerwehrleine
(Quelle: Linde)

Umgangssprachlich als Leine bezeichnet werden im Allgemeinen eine längere feste Schnur, an/mit der etwas befestigt wird, oder ein dünnes Seil. In der Seefahrt, aus der auch ursprünglich die Mehrzahl der hier vorgestellten und bei der Feuerwehr verwendeten Knoten oder Stiche stammen, spricht man allgemein von Tauen oder Tauwerk, wobei dies den Oberbegriff für alle geschlagenen und geflochtenen Seile aus Natur- und synthetischen Fasern bildet. In der allgemeinen Technik werden die bei der Feuerwehr als Leine bezeichneten Einsatzmittel unter dem Sammelbegriff „Seile“ zusammengefasst. Ein Seil ist ein aus zusammengedrehten Fasern oder Drähten bestehendes längliches, biegeschlaffes, elastisches Element zur Übertragung von Zugkräften.

1.1 Materialkunde

Grundsätzlich kommen für die Herstellung von Leinen bei der Feuerwehr sowohl Naturfasern wie auch Kunstfasern infrage. Aufgrund der besseren Widerstandsfähigkeit sowie der höheren Festigkeit haben bis auf wenige Bereiche die Naturfasern den Kunstfasern Platz machen müssen. Im Bereich der Kunstfasern kommt sowohl Polyamid (PA) wie auch Polyester (PES) zum Einsatz. Für Leinen von untergeordneter Bedeutung kommt auch Polypropylen (PP) zum Einsatz. Als Naturfasern werden Hanf, Sisal oder Manilahanf eingesetzt.

Leinen aus Polypropylen werden gerne als Festmacherleinen für (Mehrzweck-)Boote eingesetzt, da sie auf dem Wasser liegend nicht untergehen und auch bei dauerhaftem Einsatz in feuchter Umgebung kein Wasser aufnehmen. Reines Polypropylen ist wenig abriebfest und besitzt nur sehr geringe Temperaturfestigkeit. Leinen aus Polypropylen sind vergleichsweise günstig.

Seile aus Polyamid zeichnen sich durch eine sehr hohe Festigkeit sowie große Bruchdehnung aus. Das heißt, Leinen aus diesem Material können im Belastungsfall große Energien aufnehmen. Polyamid nimmt bei dauerhaftem Kontakt mit Feuchtigkeit Wasser auf und ist nur bedingt beständig gegen Säuren und Laugen. Aufgrund der ausgesprochen hohen Bruchdehnung wird dieses Material bevorzugt für Seile für Bergsteiger verwendet.

Abbildung 2:
Festmacherleine
aus Polypropylen
(Quelle: Fa. Kantschuster)

Polyester zeichnet sich als Material für die Herstellung von Seilen insbesondere durch seine hohe Festigkeit sowie seine besondere Widerstandsfähigkeit gegen UV-Strahlung sowie Säuren und Laugen aus. Die vergleichsweise geringe Bruchdehnung stellt im Falle eines Sturzes beim Auffangen einer Person einen erheblichen Nachteil dar. Darüber hinaus sind Leinen aus Polyester deutlich schwerer als Leinen aus Polyamid.

1.2 Selbstkontrolle und Testfragen

(Lösungen siehe Seite 104)

1. Wie sind Feuerwehrleinen in der Regel aufgebaut?

a) Feuerwehrleinen bestehen aus gesponnenen Naturfasern.
b) Feuerwehrleinen bestehen aus einer Mischfaser bestehend aus Naturfasern und Kunstfasern.
c) Feuerwehrleinen bestehen aus Kunstfasern.

2. Welche Aussage über Feuerwehrleinen trifft zu?

a) Feuerwehrleinen werden hauptsächlich aus Naturfasern hergestellt, weil dadurch dem Umweltschutzgedanken in besonderer Form Rechnung getragen wird.
b) Feuerwehrleinen werden in der Regel aus dem Kunststoff Polypropylen hergestellt, da dieser besonders günstig ist und Feuerwehrleinen nach jeder Belastung ersetzt werden müssen.
c) Feuerwehrleinen werden aus Polyesterfasern hergestellt, da diese eine besonders hohe Festigkeit besitzen.

3. Warum werden Festmacherleinen für Boote der Feuerwehr in der Regel aus Polypropylen gefertigt?

a) Polypropylen lässt sich besonders gut einfärben und ist daher am leichtesten in der Bootsfarbe herzustellen.
b) Polypropylen verträgt sich am besten mit dem Polyester des Bootskörpers.
c) Leinen aus Polypropylen nehmen kein Wasser auf und sind dauerhaft schwimmfähig.

2 Leinenkunde

Bei der Herstellung von Leinen unterscheidet man zwei grundsätzliche Arten der Herstellung. Leinen werden entweder geschlagen oder geflochten. Zur Herstellung von geschlagenen Seilen werden die einzelnen (Kunst-)Fasern zu Fäden von 1 bis 3 mm Durchmesser versponnen. Diese Fäden werden dann zu sogenannten Litzen verdrillt. Mehrere dieser sogenannten Litzen werden ihrerseits dann zu einem fertigen Seil verdrillt.

Aufgrund dieser Art der Herstellung haben geschlagene Seile einen eigenen Drall und sind vergleichsweise steif. Deswegen sind sie als Feuerwehrleinen, bei denen es auf eine hohe Flexibilität und Drallfreiheit ankommt, nicht geeignet. Der Gedanke, dass eine mittels Feuerwehrleine gerettete Person sich infolge des Dralls der Leine bei der Rettung ständig um die eigene Achse drehen würde, ist sicherlich nicht vorstellbar.

Daher werden Feuerwehrleinen als geflochtene Leinen hergestellt. Dabei werden wieder die einzelnen Kunstfasern zu Fäden versponnen. Diese Fäden werden dann auf einer Verseilmaschine zu einer fertigen Leine verwoben. Im Gegensatz zu den Kernmantelseilen entsteht so eine Leine mit vollständig geflochtenem Querschnitt, die äußerst tragfähig ist. Diese Leinen werden als geflochtene Leinen bezeichnet.

Abbildung 3: Geschlagenes Tauwerk (Quelle: Linde)

Abbildung 4: Geflochtenes Tauwerk (Quelle: Linde)

■ Kernmantelseil/Statikseil – Dynamikseil

Aufgrund ihrer Machart werden Leinen wie Feuerwehrleinen über den gesamten Querschnitt geflochten. Derart hergestellte Leinen sind vergleichsweise tragfähig, aber aufgrund eines fehlenden Schutzmantels sehr empfindlich. Darüber hinaus weisen diese Seile in der Regel eine äußerst geringe Dehnung auf. Soll die Leine zum Halten oder Heben von Lasten verwendet werden, ist diese Eigenschaft äußerst erwünscht. Soll diese Leine dagegen zum Schutz einer abstürzenden Person eingesetzt werden, so ist diese Eigenschaft absolut unerwünscht.

Ausgehend vom Bergsport wurden sogenannte Kernmantelseile entwickelt. Diese Seile bestehen aus einem tragenden Kern, der in der Regel nicht geflochten ist, und einer geflochtenen Ummantelung, die primär dem Schutz des tragenden Kerns dient. Man unterscheidet dabei Statikseile und Dynamikseile.

Beim Einsatz in der Absturzsicherung nach FwDV 1 werden ausschließlich Kernmantelseile in der Ausführung als Dynamikseil verwendet. Im Fall eines Absturzes ermöglichen diese Seile infolge ihrer Elastizität, dass der Fangstoß beim Fallen in das Seil hinreichend stark begrenzt wird. Damit kann eine Verletzung der betroffenen Personen vermieden werden. Bei diesen Leinen wird ein Kern bestehend aus parallelen elastischen Fasern, die aufgrund ihrer Elastizität nur eine geringe Abriebfestigkeit haben, zum Schutz mit einer entsprechend festeren, abriebfesten Faser umflochten. Diese Seile werden in der Absturzsicherung und Höhenrettung vornehmlich verwendet.

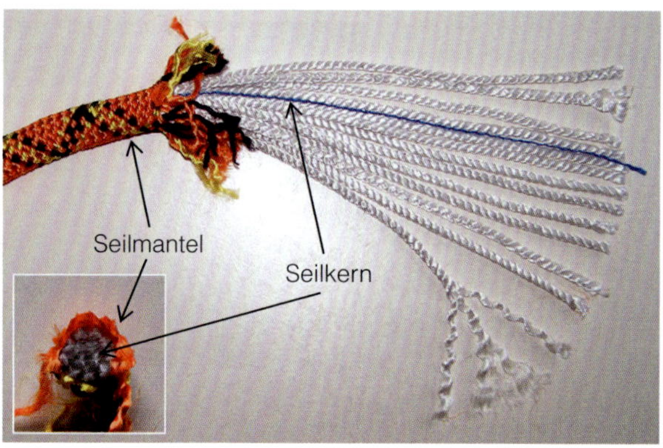

Abbildung 5:
Aufbau Dynamikseil
(Quelle: Werft)

2.1 Feuerwehrleine (DIN 14920:2020-11)

Die Feuerwehrleine ist eine für besondere Zwecke der Feuerwehr hergestellte Leine.

Sie darf bei der Personensicherung nicht zum Auffangen, sondern lediglich zum Halten/Rückhalten nach FwDV 1 eingesetzt werden. Des Weiteren muss eine Feuerwehrleine typgeprüft sein. Diese Typprüfung müssen Hersteller vorlegen können. Tipp: Fordern Sie die Typprüfung bei der Beschaffung mit an, damit gehen Sie sicher, auch wirklich eine typgeprüfte Leine im Einsatz zu haben.

Sie dient der Feuerwehr

- zur Rettung von Personen,
- zur Selbstrettung,
- zur Eigensicherung und
- zur Sicherung und zum Transport von Geräten.

Hinweis: Feuerwehrleinen dürfen nicht als Mehrzweckleinen eingesetzt werden, um jederzeit ihre Sicherheit gewährleisten zu können.

Das heißt, sie dürfen daher nicht als:

- Halteleine,
- Ventilleine oder
- zu ähnlichen sonstigen Zwecken

eingesetzt werden. Für diese Einsatzzwecke verfügt die Feuerwehr über Mehrzweckleinen.

Abbildung 6: Feuerwehrleine
(Quelle: Linde)

Abbildung 7: Leinenenden
(Quelle: Linde)

Feuerwehrleinen müssen aus Polyesterfasern hergestellt sein. Die Verwendung von Polyester gewährleistet eine hohe Festigkeit sowie Unempfindlichkeit gegen Feuchtigkeit und die meisten Säuren und Laugen. An einem Ende der Feuerwehrleine findet sich ein sogenannter Schlaufenspleiß. In das andere Ende ist ein Holzknebel oder eine Kausche mit Karabinerhaken eingespleißt. Andere Verbindungsarten sind ebenfalls möglich, solange die geforderten Bruchlasten erfüllt werden. Auf Wunsch des Bestellers besteht die Möglichkeit, die Feuerwehrleine mit einem Karabinerhaken mit Überwurfmutter zu versehen.

Feuerwehrleinen können eine Höchstzugkraft von mindestens 14 kN aufnehmen. Dabei dehnt sich die Feuerwehrleine um bis zu 25 %. Eine elastische Dehnung wird mit mindestens 4,5 % vorgeschrieben. Damit ist die Feuerwehrleine ein statisches Seil, das in keinem Fall zum Auffangen von Stürzen geeignet ist.

Feuerwehrleinen sind 30 m lang und haben einen Durchmesser von 10–11 mm. Dabei müssen sie die Naturfarbe „reinweiß“ des Materials Polyester aufweisen, sie dürfen also nicht eingefärbt sein.

Es ist möglich, in die Feuerwehrleine einen farbigen Kennfaden einzuflechten. Dieser muss aus demselben Material wie die Feuerwehrleine bestehen.

Abbildung 8: Feuerwehrleine mit Kennfaden (Quelle: Linde)

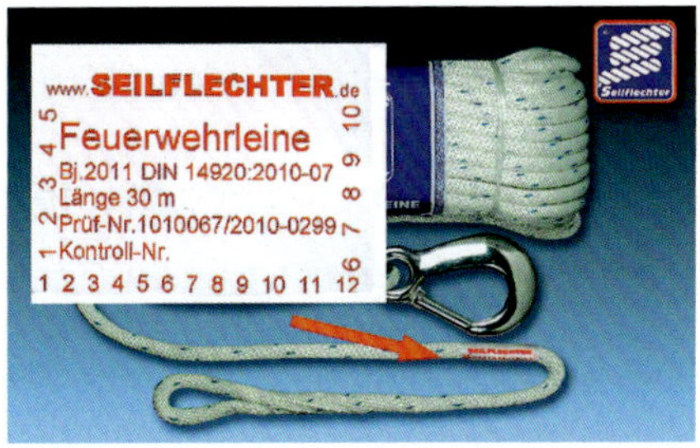

Abbildung 9: Kennzeichnungsstreifen (Quelle: Seilflechter-Tauwerk GmbH)

Feuerwehrleinen sind unter Angabe der Norm (DIN 14920) mit folgenden Angaben zu kennzeichnen:

- Herstellerkennzeichnung
- Herstellungsjahr
- Prüfnummer.

■ Wiederkehrende Prüfung

Mindestens einmal jährlich ist eine Sichtprüfung durch eine befähigte Person gemäß den geltenden Prüfordnungen durchzuführen. Wurde die Leine durch Absturz schlagartig dynamisch belastet, ist sie sofort zu prüfen.

Die Leine ist eingehend zu prüfen (Leine in ihrer ganzen Länge durch die Hand ziehen).

Eine Feuerwehrleine ist betriebssicher, wenn sie keine Mängel, wie zum Beispiel Fadenrisse, aufgehende Spleiße, mechanische Beschädigungen oder Durchmesserveränderungen hat. Eine Leine, die diese Anforderungen nicht mehr erfüllt, ansonsten aber noch einsetzbar ist, ist als Feuerwehrleine auszumustern. Sie kann aber als Mehrzweckleine weiterverwendet werden. Dazu ist die ausgemusterte Feuerwehrleine mindestens an beiden Enden auf einer Länge von einem Meter dauerhaft rot einzufärben.

Es ist möglich, Feuerwehrleinen mit RFID-Chip, Barcode oder ähnlichen Kennzeichnungen für die standortinterne Überwachung auszustatten.

■ Feuerwehrmehrzweckbeutel (DIN 14922:2020-02)

Die Feuerwehrleine ist in einem Feuerwehrmehrzweckbeutel nach DIN 14922 aufzubewahren und zu transportieren. Dieser unterscheidet sich von dem alten „Leinenbeutel" durch seine Herstellung aus flammfestem Material sowie einer Notlösevorrichtung für den Trageriemen. Dieser löst sich bei einer Beanspruchung von 250–300 N (entspricht einer Masse von etwa 25–30 kg).

Abbildung 10: Feuerwehrmehrzweckbeutel (Quelle: rescue-tec GmbH & Co. KG, Runkel)

Abbildung 11: Notlösevorrichtung für den Trageriemen – diese bricht bei 250–300 N Zugkraft (Quelle: Seeger)

Dadurch wird sichergestellt, dass der Träger des Beutels insbesondere im Innenangriff nicht an Gegenständen hängen bleiben kann und dadurch bewegungsunfähig wird. Ebenso wird eine Beeinträchtigung der übrigen PSA des Atemschutzgeräteträgers ausgeschlossen.

Der Leinenbeutel nach DIN 14921 (jetzt: Mehrzweckleinenbeutel) ist nur noch für die Mehrzweckleine vorgesehen.

Um eine unverlierbare Verbindung zwischen Feuerwehrleine und Feuerwehrmehrzweckbeutel zu gewährleisten, befindet sich am Boden des Beutels eine Möglichkeit, die Feuerwehrleine leicht lösbar zu befestigen. Diese kann in verschiedenen Ausführungen gestaltet sein.

Die Feuerwehrleine wird in den Beutel „gestopft". Dazu wird der Leinenbeutel mit der linken Hand an der Verschlusslasche gehalten. Die saubere und trockene Leine läuft ebenfalls durch diese Hand.

Mit der rechten Hand wird die Leine dann von oben nach unten in den Feuerwehrmehrzweckbeutel geführt. Dabei wird sie spiralförmig eingelegt.

Abbildung 12: Befestigungsmöglichkeit – hier eine Stoffschlaufe
(Quelle: Seeger)

Abbildung 13: Stopfen des Feuerwehrmehrzweckbeutels
(Quelle: Seeger)

Alternativ zur Bestückung mit der Feuerwehrleine ist es möglich, den Feuerwehrmehrzweckbeutel mit Hilfsmitteln für den Einsatz zu bestücken. Beutel und Inhalt dürfen ein Gesamtgewicht von 4 kg dabei nicht überschreiten. Es ist auf eine angemessene Fixierung dieser Hilfsmittel im Feuerwehrmehrzweckbeutel zu achten.

Gekennzeichnet werden muss jeder genormte Feuerwehrmehrzweckbeutel unter Angabe der Norm „DIN 14922" und des Herstellers mit Angaben zur maximal zulässigen Masse und dem Symbol „Schutzausrüstung der Feuerwehr".

Nur wenn sich diese Kennzeichnung im Feuerwehrmehrzweckbeutel befindet, ist gewährleistet, dass dieser die Anforderungen nach der Norm erfüllt, insbesondere im Hinblick auf die Flammfestigkeit.

Nach einer Normbeflammung wird der Beutelinhalt nicht freigesetzt und der Verschluss ist noch mindestens einmal bedienbar.

Abbildung 14: Kennzeichnungsetikett eines Feuerwehrmehrzweckbeutels (Quelle: rescue-tec GmbH & Co. KG, Runkel)

■ Alternative Leinenbeuteltypen

Neben dem genormten Feuerwehrmehrzweckbeutel bietet der freie Markt eine Vielzahl an weiteren, allerdings nicht genormten Modellen – den sogenannten „Kombileinenbeuteln" an. Diese Alternativen unterscheiden sich optisch kaum noch von ihren genormten Pendants.

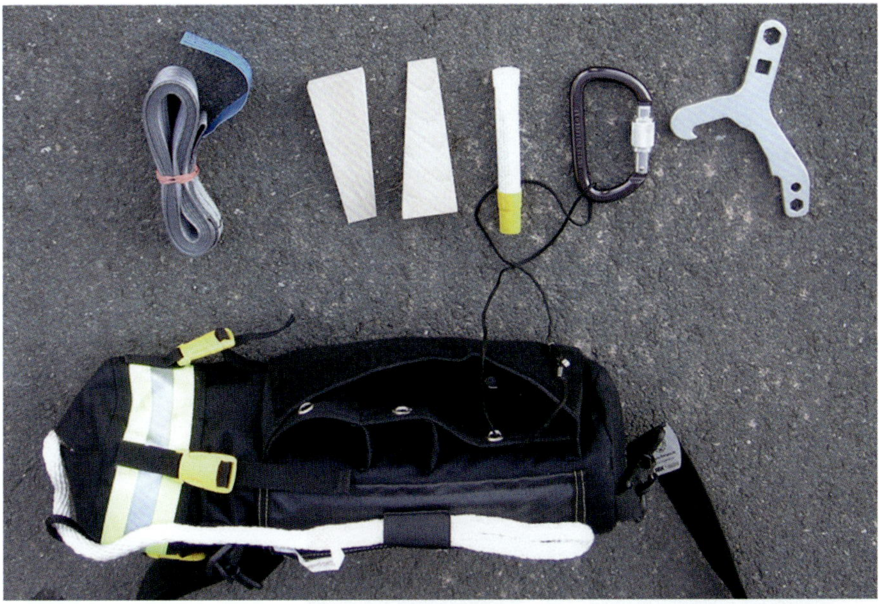

Abbildung 15: Kombileinenbeutel (Quelle: Linde)

Vor der Beschaffung solcher Lösungen ist durch den Träger der Feuerwehr eine Gefährdungsbeurteilung anzufertigen, die nachweist, dass das zu beschaffende Modell für den vorgesehenen Zweck geeignet ist.

Insbesondere die Verwendbarkeit im Innenangriff ist zu prüfen. Oftmals sind Kombileinenbeutel aus Materialien gefertigt, die eine niedrige Verwendungstemperatur aufweisen.

Das nachstehende Bildbeispiel verdeutlicht, wie kritisch dieser Faktor sein kann. Durch eine starke Wärmeeinwirkung ist der gezeigte Kombileinenbeutel teilweise geschmolzen. Glücklicherweise wurde in diesem Fall die Feuerwehrleine nicht freigesetzt und hat den vorgehenden Trupp auf seinem Rückweg nicht behindert.

Abbildung 16:
Kombileinenbeutel nach Wärmeeinwirkung bei einem Innenangriff (Quelle: Feuerwehr Braunschweig)

Hinweis: Ist eine Befestigung des Kombileinenbeutels am Atemschutzgerät vorgesehen, muss diese Kombination ebenfalls in einer Gefährdungsbeurteilung betrachtet werden.

2.2 Mehrzweckleine (DIN 14920:2020-11)

Die Mehrzweckleine ähnelt im Aufbau der Feuerwehrleine. Eine Mehrzweckleine muss (soweit es sich nicht um eine ausgemusterte Feuerwehrleine handelt) dauerhaft auf gesamter Länge rot gefärbt sein. Sie ist ebenfalls nach der DIN 14920 genormt. Mehrzweckleinen müssen mindestens eine Länge von 20 m haben. Wie die Feuerwehrleine hat die Mehrzweckleine einen Durchmesser von 10 mm und besteht aus spiralgeflochtener Polyesterfaser. Im Gegensatz zur Feuerwehrleine hat die Mehrzweckleine mit einer Höchstzugkraft von 7 kN nur etwa 50 Prozent der Festigkeitswerte einer Feuerwehrleine.

Abbildung 17a: Mehrzweckleine gemäß DIN 14920 (Quelle: Seilflechter-Tauwerk GmbH)

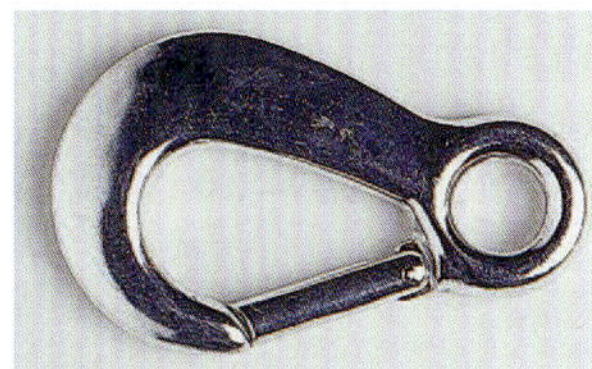

Abbildung 17b:
So sieht ein geprüfter Karabinerhaken (DIN 5290-F) an einer Mehrzweckleine aus. Nur Haken in dieser Ausführung oder alternativ mit Überwurfmutter (DIN 5290-A) entsprechen der Norm (Quelle: Linde)

Die Endbestückung der Mehrzweckleine entspricht der Feuerwehrleine: Öse, sowie Holzknebel oder Karabinerhaken.

(Wird eine Mehrzweckleine mit einem anderen Karabinerhaken als DIN 5290-F bzw. -A ausgeliefert, entspricht diese nicht der gültigen Norm; siehe Abbildung 17b).

Die Mehrzweckleine wird bei der Feuerwehr ausschließlich für einfache Tätigkeiten verwendet. Dazu zählen das

- Betätigen des Rückschlagorgans im Saugkorb,
- die Sicherung der Saugleitung sowie
- das Absperren und sonstige Verwendungen.

Mit einer Mehrzweckleine dürfen keine Sicherungstätigkeiten wie Halten, Rückhalten oder Selbstretten durchgeführt werden. Auch ein Hochziehen von Gegenständen ist nicht erlaubt. Die Mehrzweckleine verfügt über einen Durchmesser von mindestens 10 mm und eine Länge von 20 Metern.

Ausgemusterte Feuerwehrleinen können, soweit sie keine gravierenden mechanischen Beschädigungen aufweisen, als Mehrzweckleine verwendet werden. Vor ihrem Einsatz als Mehrzweckleine müssen diese Leinen mindestens an jeder Seite einen Meter dauerhaft rot eingefärbt werden.

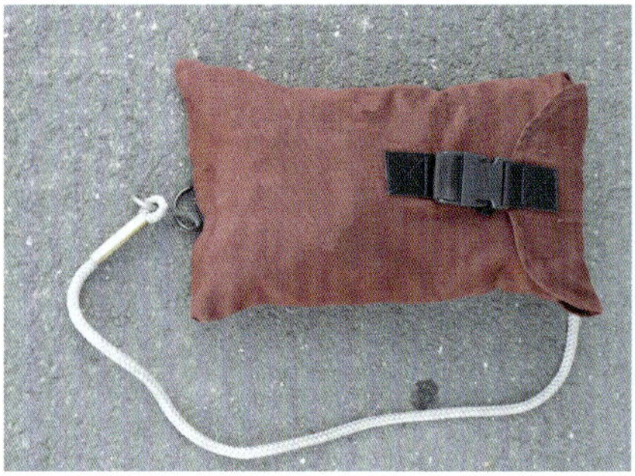

Abbildung 18: Mehrzweckleinenbeutel mit Mehrzweckleine (Quelle: Linde)

Abbildung 19: Saugleitung mit Mehrzweckleine (Quelle: Linde)

Mehrzweckleinen werden im Mehrzweckleinenbeutel nach DIN 14921 aufbewahrt. Dieser entspricht in seiner Ausführung dem ehemaligen Leinenbeutel für die Feuerwehrleine.

Werden Feuerwehrleinen oder Mehrzweckleinen nicht in einem Leinenbeutel aufbewahrt, so werden sie in Buchten gelegt und aufgeschossen.

Durch das Aufschießen von Leinen wird vermieden, dass die Leinen durcheinandergeraten oder eine Unfallquelle darstellen, wenn sie nicht im Leinenbeutel transportiert werden. Die Leine wird in gleichlange Buchten über den gebeugten Arm gelegt. Darauf wird das freie Leinenende mehrmals um das entstandene Bündel gelegt, sodass sich die Buchten gegenseitig bekneifen. Das Leinenende wird dann als Schlaufe durch das dicke Auge gezogen und die Schlaufe wird über den Kopf des Bündels gestülpt und festgezogen.

Hinweis: Mehrzweckleinen dürfen aufgrund der geringeren Anforderungen an Herstellung und Prüfung niemals zur Rettung oder Sicherung von Personen eingesetzt werden.

Abbildung 20a bis d: Aufschießen von Leinen (Quelle: Linde)

2.3 Seilschlauchhalter (DIN 14828:2004-10)

Der Schlauchhalter ist ein für besondere Zwecke der Feuerwehr gefertigtes Einsatzmittel. Er ähnelt der Mehrzweckleine in Material und Aussehen, er trägt ebenso an einem Ende einen hölzernen Knebel oder Karabinerhaken (DIN 5290-F), sowie am anderen Ende ein Seilauge. Im Gegensatz zur Mehrzweckleine hat er nur eine Länge von 1,6 m. Wie der Name andeutet, dient der Seilschlauchhalter in erster Linie zum Festlegen und Entlasten von Schlauchleitungen, die z. B. in Treppenräumen durch das sogenannte Treppenauge herabhängen und im gefüllten Zustand ein erhebliches Gewicht aufweisen können. Daneben kann der Seilschlauchhalter auch zum Sichern sonstiger Geräte, wie z. B. Leitern, verwendet werden.

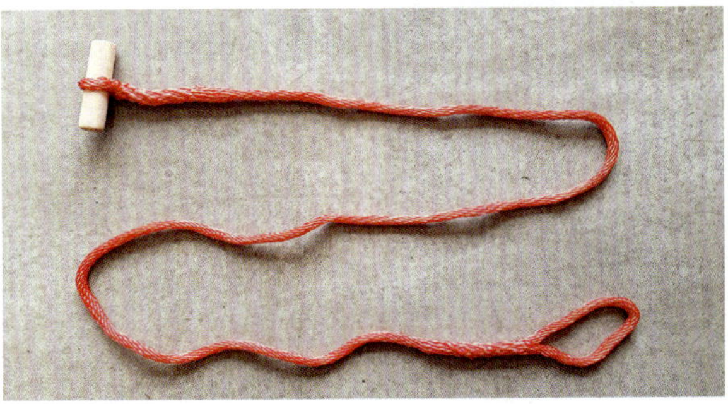

Abbildung 21: Seilschlauchhalter gemäß DIN 14828 (Quelle: Seeger)

2.4 Sonstige Leinen der Feuerwehr

Neben den oben aufgeführten Leinen findet man im Feuerwehrdienst noch eine Vielzahl sonstiger Leinen. Dies sind zum Beispiel:

- Sturmleinen zum Abspannen von Feuerwehrdrehleitern
- Sicherungsleinen für Teleskopstativ
- Fahrzeug-Abschleppleinen
- sonstige Befestigungsleinen

Abbildung 22:
Sturmleine (Quelle: Linde)

Abbildung 23:
Abschleppseil (Quelle: Linde)

2.5 Selbstkontrolle und Testfragen

(Lösungen siehe Seite 104)

1. Welche Aussage über Herstellungsart von Feuerwehrleinen ist richtig?

a) Feuerwehrleinen werden aus geschlagenem Tauwerk hergestellt, da dieses besonders drallfrei ist.
b) Feuerwehrleinen werden aus geflochtenem Tauwerk hergestellt, da dieses besonders drallfrei ist.
c) Feuerwehrleinen werden aus gesponnenem Tauwerk hergestellt, da dieses besonders drallfrei ist.

2. Welche Aussagen über Feuerwehrleinen gemäß DIN 14920 sind richtig?

a) Feuerwehrleinen gemäß DIN 14920 werden in Längen gemäß Wunsch des Bestellers geliefert.
b) Feuerwehrleinen gemäß DIN 14920 haben die Farbe rohweiß (Ursprungsfarbe der Faser).
c) Feuerwehrleinen gemäß DIN 14920 können mit einem Karabinerhaken versehen sein.

3. Welche Aussagen über den Einsatz von Feuerwehrleinen gemäß DIN 14920 sind richtig?

a) Feuerwehrleinen gemäß DIN 14920 dürfen auch zum Auffangen eingesetzt werden.
b) Feuerwehrleinen gemäß DIN 14920 dienen vornehmlich dem Halten von Einsatzkräften bei Einsätzen im absturzgefährdeten Bereich.
c) Feuerwehrleinen gemäß DIN 14920 dürfen aufgrund ihrer weißen Farbe auch als Absperrleinen eingesetzt werden.

4. Welche Aussagen über die Prüfung von Feuerwehrleinen gemäß DIN 14920 sind richtig?

a) Feuerwehrleinen gemäß DIN 14920 müssen halbjährlich einer Belastungsprüfung mit einem Prüfgewicht von 1 t unterzogen werden.
b) Feuerwehrleinen gemäß DIN 14920 müssen nach jeder Sturzbelastung sowie mindestens einmal jährlich einer Sichtprüfung unterzogen werden.
c) Feuerwehrleinen gemäß DIN 14920 dürfen eingesetzt werden, solange durch Beschädigungen ein Mindest-Restquerschnitt von 80 % des Gesamtquerschnittes verbleibt.
d) Feuerwehrleinen müssen gemäß DIN 14920 zur Prüfung mit einer UV-Licht-Lampe beleuchtet werden.

5. Welche Aussage über die Feuerwehr-Mehrzweckleinen gemäß DIN 14920 ist richtig?

a) Feuerwehr-Mehrzweckleinen sind rot eingefärbt.
b) Feuerwehr-Mehrzweckleinen sind blau eingefärbt.
c) Feuerwehr-Mehrzweckleinen dienen dem Halten von Einsatzkräften im absturzgefährdeten Bereich.

3 Knoten und Stiche

Grundsätzlich existiert in unterschiedlichen Bereichen eine Vielzahl unterschiedlicher, teilweise auch sehr ähnlicher Knoten und Stiche. In dieser Broschüre werden nur die im Bereich der Feuerwehr üblichen Knoten und Stiche dargestellt. Darüber hinaus finden insbesondere beim Einsatz von Feuerwehrbooten eine Anzahl weiterer Leinenverbindungen Verwendung. Da das vorliegende Werk Grundlagen vermitteln soll, wurde auf diesen Bereich bewusst verzichtet. Die Mehrzahl der Knoten stammt aus der historischen Segelschifffahrt, sodass häufig mehrere Namen für einen Knoten existieren! Bei den hier verwendeten Bezeichnungen handelt es sich in der Regel um die in der Feuerwehr üblichen Namen.

Knoten und Stiche stellen Leinenverbindungen dar. Sie dienen dem Befestigen („Anschlagen“) von Feuerwehr- und Mehrzweckleinen an Personen, Einsatzmitteln, Gegenständen oder Anschlagpunkten oder dem Verbinden von Leinen untereinander. Man unterscheidet dabei Schlingenstiche und Schlaufenstiche.

Schlingenstiche ziehen sich bei Belastung fest um den angeschlagenen Gegenstand. Daher sind sie zum Einbinden von Menschen und Tieren nicht geeignet. Zu den Schlingenstichen zählen u.a. Zimmermannsstich, Mastwurf und Doppelter Ankerstich. Sie werden eingesetzt zum sicheren Anschlagen von Lasten.

Schlaufenstiche ziehen sich unter Belastung im Knoten zusammen, sodass sich eine feste Schlaufe (Seilauge) bildet. Der angeschlagene Gegenstand hängt damit lose in der entstandenen Schlaufe. Als Rettungsknoten wird daher ein Knoten aus der Gruppe der Schlaufenstiche verwendet. Zu den Schlaufenstichen zählen u.a. Pfahlstich, Achterknoten und Schotenstich.

Der lange Zeit verwendete Kreuzknoten ist aus der FwDV 1 entfallen und gilt als überholt. Hintergrund ist das hohe Fehlerpotential und die vergleichsweise geringe Knotenfestigkeit.

■ Begriffe

Anschlagen: Befestigen der Leine an einer Last oder einem Festpunkt

Aufschießen: Leinen für Transport und Lagerung aufwickeln

Abbildung 24: Anschlagen
(Quelle: Linde)

Abbildung 25: Seilauge
(Quelle: Linde)

Auge: Gelegte, gebundene oder gespleißte Seilschlinge

Langes Seilende/kurzes Seilende:
In der Regel werden Knoten und Stiche am Ende eines längeren Seils angefertigt. Dabei wird der Rest des überstehenden Seils als sogenanntes „kurzes Seilende“ bezeichnet, der Bereich des Seils, welcher in Richtung des eigentlichen Seilstranges läuft, wird als „langes Seilende“ bezeichnet.

Halber Schlag: Als Halber Schlag oder auch Halbschlag wird ein Seilauge bezeichnet, welches durch über Kreuz legen einer Seilschlaufe gebildet wird. Der Halbe Schlag ist die einfachste Form der Befestigung eines Seils an einem Gegenstand und stellt die Grundform vieler Knoten oder Stiche.

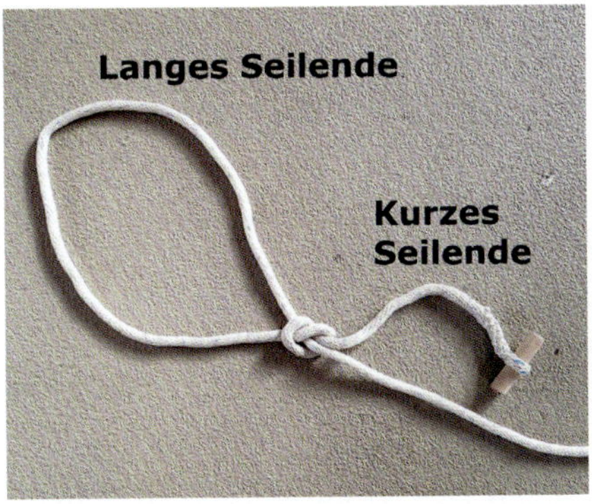

Abbildung 26: Langes Seilende – kurzes Seilende (Quelle: Seeger)

Abbildung 27: Halber Schlag (Quelle: Linde)

■ Wichtige Regeln bei der Anfertigung eines Knotens

Je nach Einsatz des Knotens ist es erforderlich, zusätzlich zum eigentlichen Knoten eine weitere Sicherung in Form eines sogenannten Spierenstichs *(siehe hierzu auch Kapitel 3.1.5)* anzulegen. Werden Leinen für untergeordnete Anwendungen eingesetzt, zum Beispiel als Absperrung oder ähnliches, so kann auf diese zusätzliche Sicherung verzichtet werden. Werden Leinen zur Sicherung von Personen oder zu vergleichbaren Tätigkeiten eingesetzt, so sind grundsätzlich alle verwendeten Knoten mit einem Spierenstich zu sichern.

Um zu verhindern, dass bei plötzlicher stoßartiger Belastung eines Knotens das freie Seilende aus dem Knoten läuft, wird – trotz vorhandener Knotensicherung – immer ein ausreichendes kurzes Seilende übrig gelassen. Als ausreichend wird angesehen, wenn das überstehende kurze Seilende mindestens eine Länge vom Zehnfachen des Durchmessers der verwendeten Leine hat. Im Fall der Feuerwehrleine bedeutet dies bei einem Durchmesser von 10 mm, dass das kurze Seilende mindestens 10 cm lang sein muss.

Abbildung 28:
Mastwurf mit Spierenstich
(Quelle: Werft)

Bei der Anfertigung von Knoten und Stichen ist ständig darauf zu achten, dass im Knoten eine saubere Leinenführung vorliegt. Insbesondere ist zu vermeiden, dass sich Leinen kreuzen oder während des Bindens Teile des verbleibenden Seilendes in den Knoten mit eingebunden werden. Grundsätzlich sollte beim Anfertigen eines Knotens oder Stichs immer höchste Konzentration herrschen, um Flüchtigkeitsfehler bei der Anfertigung zu vermeiden.

Abbildung 29: Doppelter Achterknoten mit gekreuzten Leinen (Quelle: Linde)

Abbildung 30: Doppelter Achterknoten korrekt (Quelle: Linde)

Soweit dies unter Einsatzbedingungen (z. B. Dunkelheit) möglich ist, sollte nach Anfertigen des Knotens das Knotenbild auf seine Übereinstimmung mit dem Originalknoten überprüft werden, um eventuelle Fehler mit möglichen fatalen Folgen zu erkennen.

■ Knotenfestigkeit

Jeder Knoten verringert die Zugfestigkeit eines Seiles. Ein geknotetes Seil reißt meist am oder im Knoten. Die Knotenfestigkeit gibt an, wie viel Prozent der ursprünglichen Reißfestigkeit eines Seiles bei einem bestimmten Knoten übrigbleiben. Je höher der Prozentwert, desto besser. Faustwerte liegen bei 50 bis 70 Prozent.

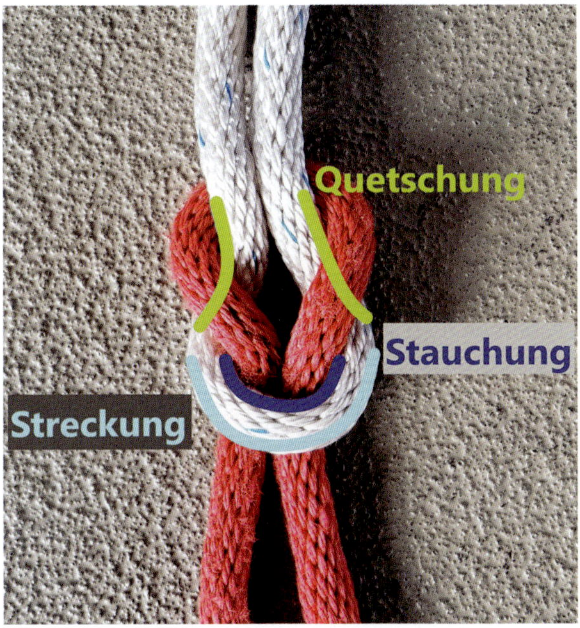

Abbildung 31: Belastungen eines Knotens (Quelle: Seeger)

Die Seilfasern werden im Knoten stark gestaucht oder gestreckt. Übersteigt dabei die Streckung das zulässige Maß, können einzelne Fasern reißen. Durch Quetschung und Streckung verringert sich der Durchmesser (Querkontraktion) und damit die Reißfestigkeit.

Damit verfügen Knoten, die auf Grund ihrer Machart nur sehr geringe Biegeradien aufweisen, über die geringste Stauchung und Streckung sowie in der Regel auch über eine sehr geringe Quetschung. Ein Knoten hoher Knotenfestigkeit ist daher der Achterknoten.

Die genannten Faustwerte sind experimentell festgestellt worden und gelten i.d.R. für Polyamid-Materialien. Es ist daher eine gewisse Sicherheitsreserve einzuplanen.

■ Knotenfreie Lösungen

In der Feuerwehrwelt zeichnet sich ein beginnender Trend hin zu „knotenfreien“ Lösungen ab. Ausgehend von der Problematik, die Knoten mit sich bringen, wird in einigen Bereichen versucht, zukünftig auf sie zu verzichten.

Zu den Hauptargumenten zählen hier insbesondere:

- Das reduzierte Potential für Fehler – Knoten gehören zwar zu den Grundtätigkeiten nach FwDV 1, bergen aber großes Fehlerpotential
- Keine/geringe Bruchlastreduktion in Seilen und Verbindungsmitteln durch genormte Seilverbindungen (Spleiße, Vernähungen)
- Geringerer Ausbildungsaufwand

Dieser Trend ist insbesondere im Bereich der Absturzsicherung zu beobachten, wird aber den allgemeinen Feuerwehrdienst voraussichtlich in Zukunft ebenso betreffen.

3.1 Schlingenstiche

3.1.1 Spierenstich

Der Spierenstich dient zum Sichern von Knoten und löst damit den früher hierfür verwendeten Halbschlag ab. Der Spierenstich kann, indem er wechselseitig an zwei Leinen angefertigt wird, ebenso zum Verbinden zweier Leinen verwendet werden.

Der Spierenstich als Sicherung für einen Knoten wird gebildet, indem das kurze Seilende ähnlich dem Halben Schlag über Kreuz um das lange Seilende herumgeschlagen wird.

Hinweis: Seit 2019 wird durch verschiedene Fachgremien der **doppelte Spierenstich** (*siehe hierzu auch Kapitel 3.1.5*) als Sicherungsknoten empfohlen!

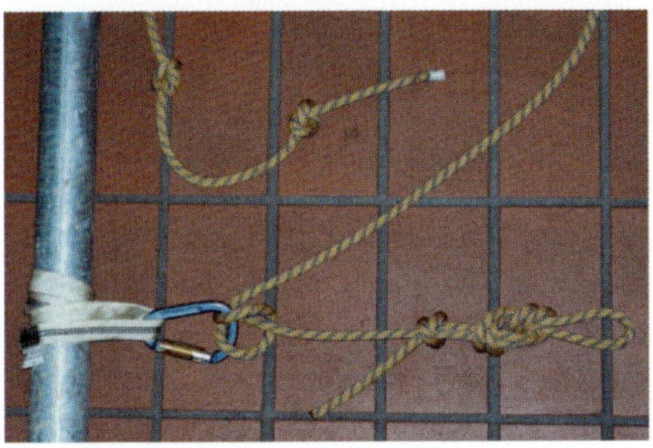

Abbildung 32: Spierenstich als Seilendknoten und als Hintersicherung des Achterknotens (Quelle: Werft)

Abbildung 33: Spierenstich zum Verbinden zweier Leinen (Quelle: de Vries)

3.1.2 Zimmermannsstich

Der Zimmermannsstich dient zum Befestigen der Leine an Geräten, Balken, Pfählen usw.

Eine Leine wird zum Auge gelegt, um die Leine geschlungen und das kurze Leinenende wird nun mehrmals um das lange Leinenende gewunden.

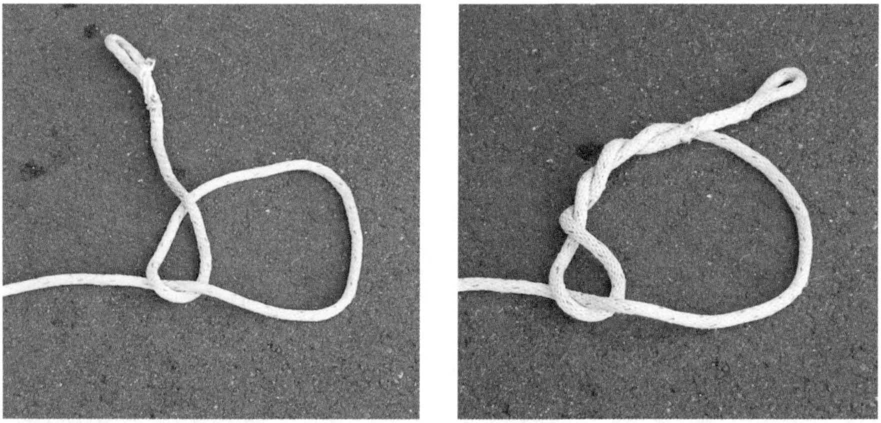

Abbildung 34a und b: Zimmermannsstich (Quelle: Linde)

3.1.3 Mastwurf

Der Mastwurf ist ein Knoten zur Befestigung einer Leine an einem Gegenstand. Der Mastwurf kann gestochen oder gelegt werden.

■ Mastwurf gestochen

Soll ein Mastwurf um einen durchlaufenden Gegenstand herum gelegt werden, so wird die Art der Anfertigung als Stechen des Knotens bezeichnet.

Das Seil derart um den Anschlagpunkt legen, dass dabei das lange Seilende gekreuzt wird. Daraufhin mit dem Seil nochmals in der gleichen Richtung um den Anschlagpunkt fahren. Dabei das kurze Seilende unter der so entstandenen Schlaufe durchführen. Entstandenen Knoten festziehen und mit Spierenstich sichern!

Abbildung 35a bis c: Mastwurf gestochen (Quelle: Linde)

■ Mastwurf gelegt

Soll der Mastwurf um das freie Ende eines Gegenstandes gelegt werden, so kann der Knoten zunächst in der Hand fertig gelegt werden und dann über das freie Ende geschoben und festgezogen werden.

Zwei Halbschläge so ineinanderlegen, dass sich langes und kurzes Seilende in der entstehenden Schlaufe kreuzen. Den so entstandenen Knoten über das freie Ende des Gegenstandes legen.

Hinweis: Entstandenen Knoten festziehen und mit Spierenstich sichern (*siehe hierzu auch Kapitel 3.1.5*)!

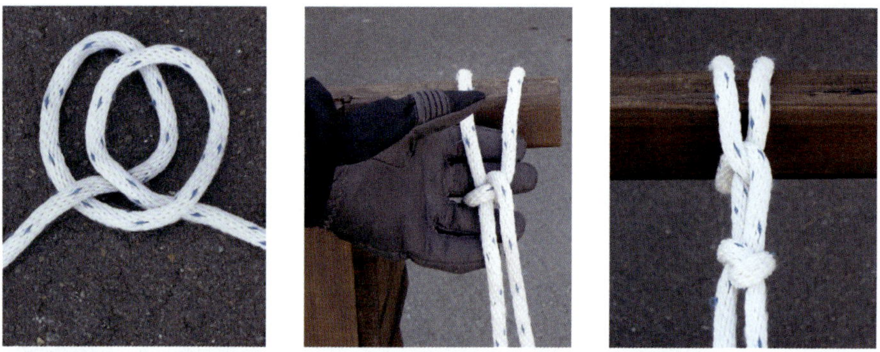

Abbildung 36a bis c: Mastwurf gelegt (Quelle: Linde)

3.1.4 Doppelter Ankerstich

Der Doppelte Ankerstich wird hauptsächlich zum Hochziehen und Ablassen von Geräten verwendet. Der Doppelte Ankerstich kann gestochen oder gelegt werden.

■ Doppelter Ankerstich gestochen

Soll der Ankerstich um einen durchlaufenden Gegenstand herumgelegt werden, so wird die Art der Anfertigung als Stechen des Knotens bezeichnet.

Das kurze Seilende um den Anschlagpunkt legen und dabei das lange Seilende unterhalb des Anschlagpunktes kreuzen. Das kurze Seilende in gleicher Weise um den Anschlagpunkt führen, dabei von oben durch die entstandene Schlaufe führen. Den so entstandenen Knoten festziehen.

Abbildung 37a bis c: Doppelter Ankerstich gestochen (Quelle: Linde)

■ Doppelter Ankerstich gelegt

Soll der Doppelter Ankerstich um das freie Ende eines Gegenstandes gelegt werden, so kann der Knoten zunächst in der Hand fertig gelegt werden und dann über das freie Ende geschoben und festgezogen werden.

Das Seilende unter Bildung eines lang gezogenen Auges doppelt legen. Das so entstehende Auge unter Bildung einer Schlaufe über die doppelte Seillage legen. Die gebildete Schlaufe über Anschlagpunkt legen.

Den so entstandenen Knoten festziehen.

Abbildung 38a und b: Doppelter Ankerstich gelegt (Quelle: Linde)

3.1.5 Doppelter Spierenstich

Der doppelte Spierenstich dient, ähnlich wie der einfache Spierenstich, der Hintersicherung eines Knotens. Er verfügt über eine höhere Knotenfestigkeit als der einfache Spierenstich und bietet mehr Sicherheit bei stressbedingtem Fehlverhalten und Falschanwendung.

Wenngleich noch nicht in die FwDV 1 aufgenommen, wird der doppelte Spierenstich von verschiedenen Fachgremien, darunter der Landesfeuerwehrschule Sachsen-Anhalt (IBK Heyrothsberge), als Alternative zum einfachen Spierenstich empfohlen. Eine Verbindung zweier Leinen, wie mit dem einfachen Spierenstich, ist mit dem doppelten Spierenstich ebenso möglich.

Abbildung 39a bis c:
Doppelter Spierenstich gestochen
(Quelle: Seeger)

3.2 Schlaufenstiche

3.2.1 Schotenstich

Der Schotenstich dient zum Verbinden zweier Seilenden gleichen oder unterschiedlichen Durchmessers, was hier beispielhaft dargestellt ist. Das Seilende des dünneren Seilstücks wird durch das gelegte Auge des dickeren Seilstücks gesteckt, um das Auge des dickeren Seils geführt und unter dem dünneren Seilende zurückgeführt. Dadurch wird das dünnere Seil unter Belastung festgeklemmt. Dabei muss der Knoten so gefertigt werden, dass beide kurzen Seilenden auf der gleichen Seite liegen.

Hinweis: Der Schotenstich darf nicht zur Sicherung von Personen eingesetzt werden!

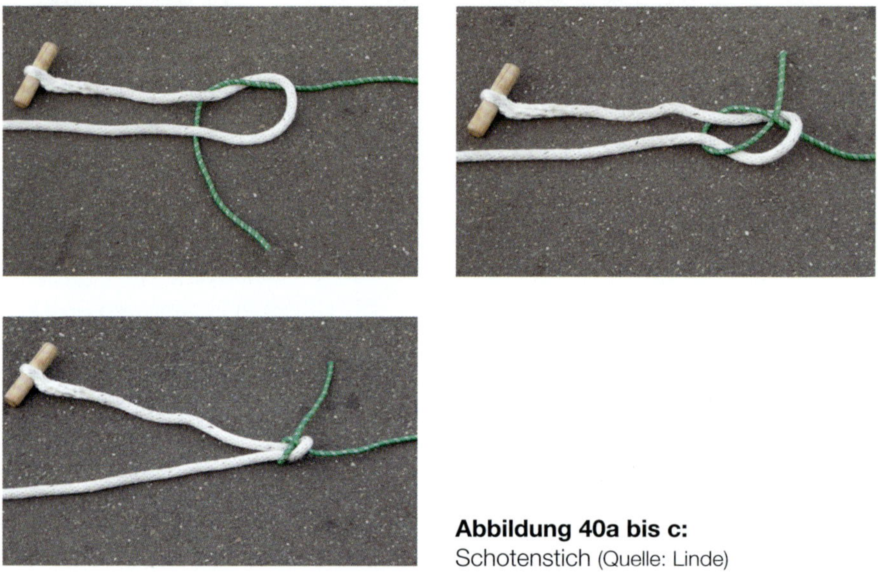

Abbildung 40a bis c:
Schotenstich (Quelle: Linde)

■ Schotenstich mit Aufzugsschlaufe

Der Schotenstich mit Aufzugsschlaufe dient zum Verbinden zweier Seilenden, der auch unter Last getrennt werden kann. Hier beispielhaft dargestellt ist die Verbindung zweier Leinen unterschiedlichen Durchmessers.

Das Seilende des dünneren Seilstücks wird durch das gelegte Auge des dickeren Seilstücks gesteckt und um das Auge des dickeren Seils geführt. Das dünnere Seil wird nun doppelt gelegt und unter dem dünneren Seilende zurückgeführt. Dadurch wird die vom dünneren Seil gebildete Schlaufe unter Belastung festgeklemmt. Dabei muss der Knoten so gefertigt werden, dass beide kurzen Seilenden auf der gleichen Seite liegen.

Durch die Schlaufe kann das dünnere Seil am kurzen Seilende auch unter Belastung gelöst werden.

Abbildung 41: Schotenstich mit Aufzugsschlaufe (Quelle: Linde)

3.2.2 Doppelter Achterknoten

Der Doppelte Achterknoten ist ein besonders sicherer und äußerst fester Knoten zum Bilden einer Schlaufe oder zur Verbindung zweier gleich starker Seile.

■ Doppelter Achterknoten (gelegt)

Soll der Doppelte Achterknoten um das freie Ende eines Gegenstandes gelegt werden, so kann der Knoten zunächst in der Hand fertig gelegt werden und dann über das freie Ende geschoben und festgezogen werden.

Man legt ein doppelt geführtes Leinenende zu einem Auge und fährt um das lange Ende herum und durch das so gebildete Auge zurück. Den entstandenen Knoten festziehen und mit Spierenstich (*siehe hierzu Kapitel 3.1.5*) sichern!

Es ist wichtig, darauf zu achten, dass die beiden Seile stets parallel verlaufen.

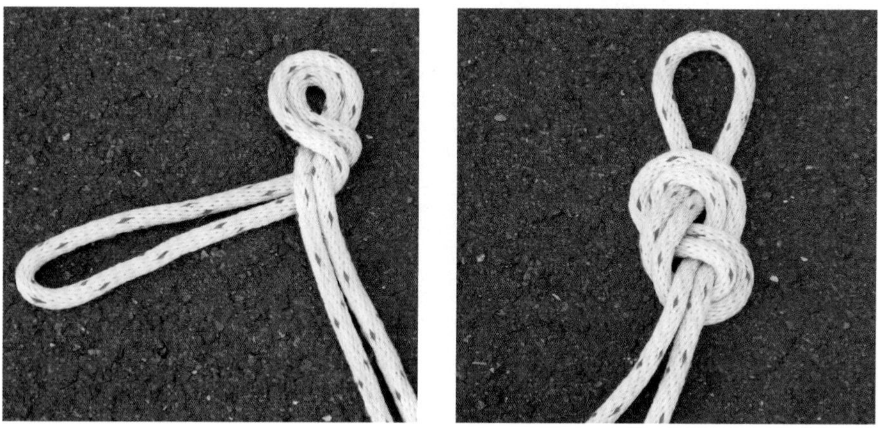

Abbildung 42a und b: Doppelter Achterknoten (gelegt) (Quelle: Linde)

■ Doppelter Achterknoten (gestochen)

Soll der Doppelte Achterknoten um einen durchlaufenden Gegenstand herum gelegt werden, so wird die Art der Anfertigung als Stechen des Knotens bezeichnet.

Man legt zunächst einen großen Achterknoten am langen Seilende und zieht diesen noch nicht zu.

Jetzt legt man das kurze Seilende um den Festpunkt und folgt dem Knotenverlauf rückwärts mit dem kurzen Seilende. Den entstandenen Knoten festziehen und mit Spierenstich (*siehe hierzu Kapitel 3.1.5*) sichern!

Es ist wichtig, darauf zu achten, dass die beiden Seile stets parallel verlaufen.

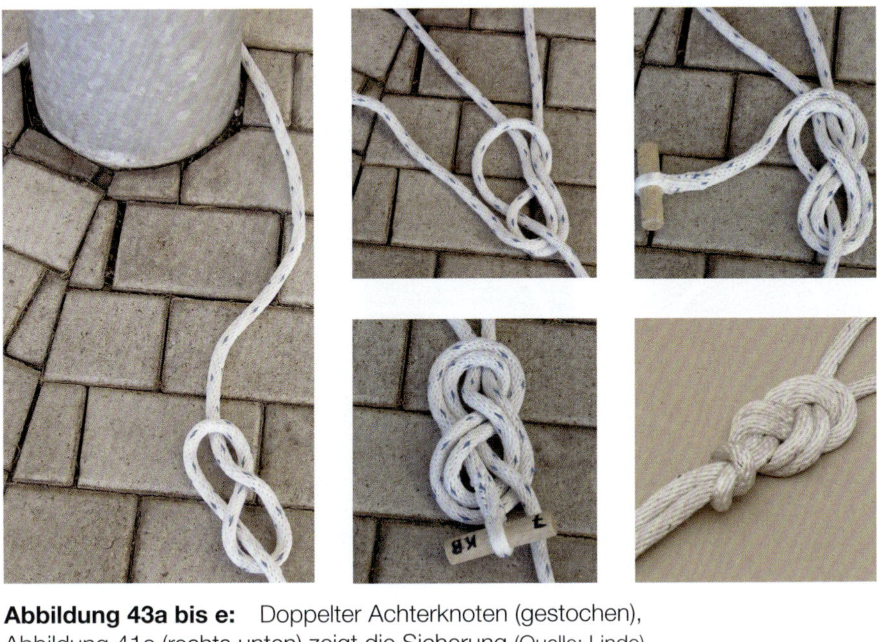

Abbildung 43a bis e: Doppelter Achterknoten (gestochen), Abbildung 41e (rechts unten) zeigt die Sicherung (Quelle: Linde)

3.2.3 Pfahlstich

Der Pfahlstich dient der Herstellung eines Auges, das sich nicht zuzieht. Er wird daher in Verbindung mit dem Brustbund als Rettungsknoten verwendet. Bei Ringbelastung (quer zur Schlaufe) darf der Pfahlstich nicht verwendet werden.

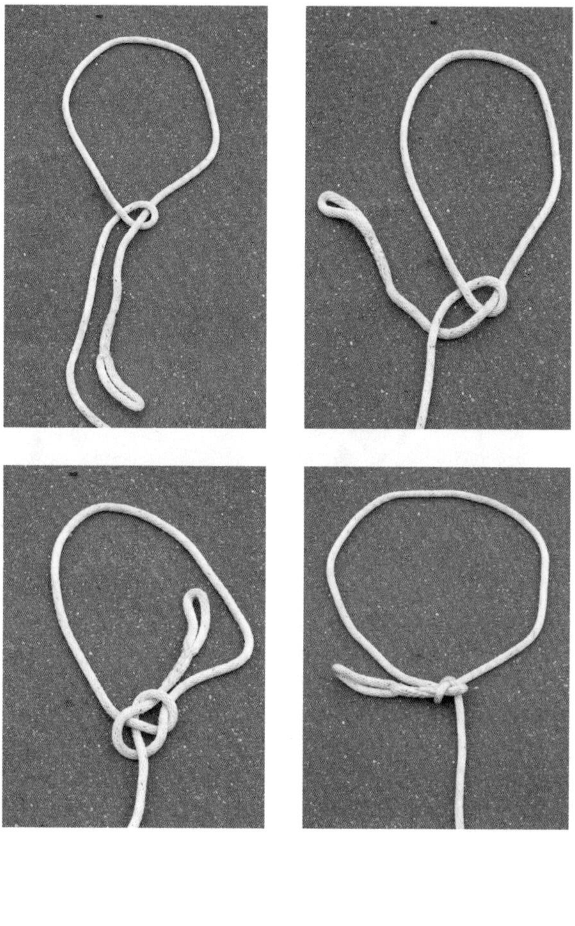

Abbildung 44a bis d:
Pfahlstich (Quelle: Linde)

Zuerst legt man ein Auge und bildet mit dem kurzen Ende eine Schlaufe in der gewünschten Länge. Nun fährt man mit dem kurzen Ende durch das Auge.

Danach fährt man mit dem kurzen Ende um das feste (ziehende) Ende herum und wieder zurück durch das Auge.

Danach zieht man den Knoten fest.

3.2.4 Rettungsknoten

Der Rettungsknoten (Brustbund mit Pfahlstich) dient zum Sichern einer Person gegen Absturz. Zulässig ist dabei ausschließlich die Methode „Halten", bei der die Feuerwehrleine oberhalb des zu Haltenden geführt wird und ein Absturz damit ausgeschlossen wird.

Man legt der Person das Seil über den Nacken, sodass beide Enden auf der Vorderseite des Körpers bis zum Boden hängen. Die beiden Seilenden werden unter den Armen hindurchgeführt und auf dem Rücken verkreuzt und wieder auf der gleichen Körperseite zurückgeführt.

Das lange Seilende wird nun vor der Brust zu einem Auge gelegt, sodass das nach unten führende Seilende hinten liegt.

Das kurze Ende wird von unten durch das Auge geführt. Das kurze Seilende wird hinter dem vertikalen langen Seilende hindurchgeführt und durch das Auge zurückgeführt und festgezogen. Dabei ist die Lage des Knotens so anzuordnen, dass der Knoten immer über der Brust der betroffenen Personen gelegt wird.

Hinweis: Der Rettungsknoten wird an dem kurzen Seilende mit einem Spierenstich (*siehe hierzu auch Kapitel 3.1.5*) gesichert.

Abbildung 45a bis g: Rettungsknoten (Quelle: Linde)

3.2.5 Halbmastwurf

Der Halbmastwurf dient bei der Absturzsicherung und beim Halten als Seilbremse.

Die Feuerwehrleine wird in eine Schlaufe gelegt und diese wird durch die geschlossene Öse des Feuerwehr-Haltegurtes geführt. Das kurze Leinenende wird nun durch die Schlaufe geführt.

Anschließend kann der zu Haltende am kurzen Leinenende gesichert werden.

Hinweis: Der Haltende sichert sich während des Haltevorgangs mit dem Sicherungsseil seines Feuerwehr-Haltegurtes an einem geeigneten Anschlagpunkt.

Abbildung 46a bis e: Halbmastwurf (Quelle: Linde)

■ Halbmastwurf gelegt in HMS-Karabiner

Es ist ebenfalls möglich, den Halbmastwurf in einen Karabiner einzulegen, bspw. bei der Sicherung mittels HMS-Karabiner und Bandschlinge. Dazu werden zwei Halbschläge übereinandergelegt. Der Karabiner wird in das entstehende Seilauge eingehakt und mit der Verschlusssicherung gesichert.

Die genannte Variante ist eine Alternative zur Verwendung des Haltegurtes und eine Grundfertigkeit im Bereich der Absturzsicherung.

Abbildung 47a bis e: Halbmastwurf gelegt (Quelle: Seeger)

3.3 Selbstkontrolle und Testfragen

(Lösungen siehe Seite 104)

1. Welche Aussagen über Knoten und Stiche sind richtig?

a) Bei der Feuerwehr unterscheidet man Schlaufenstiche und Schlangenstiche.
b) Schlaufenstiche ziehen sich bei Belastung zu.
c) Schlaufenstiche ziehen sich bei Belastung nicht zu.
d) Der Brustbund (Rettungsknoten) zählt zu den Schlaufenstichen.

2. Welche Aussagen über den Mastwurf sind richtig?

a) Der Mastwurf dient dem Verbinden zweier gleichstarker Leinen.
b) Der Mastwurf dient dem Verbinden zweier ungleich starker Leinen.
c) Der Mastwurf wird mit einem Spierenstich gesichert.

3. Welche Aussagen über den Doppelten Ankerstich sind richtig?

a) Der Doppelte Ankerstich wird in der Regel mit einem Spierenstich gesichert.
b) Der Doppelter Ankerstich dient dem Verbinden zweier gleich starker Leinen.
c) Der Doppelte Ankerstich dient zum Beispiel dem Anschlagen von Geräten (Feuerwehraxt).

4. Welche Aussagen über den Pfahlstich sind richtig?

a) Der Pfahlstich dient dem Verbinden zweier gleichstarker Leinen.
b) Der Pfahlstich dient in Kombination mit dem Brustbund als Rettungsknoten.
c) Der Pfahlstich wird in der Regel mit einem Spierenstich gesichert.

5. Welche Aussagen über den Doppelten Achterknoten sind richtig?

a) Der Doppelte Achterknoten ist aufgrund seiner starken Quetschung kein besonders gut belastbarer Knoten.
b) Der Doppelte Achterknoten ist aufgrund seiner geringen Biegung ein besonders gut belastbarer Knoten.
c) Der Doppelte Achterknoten dient dem Verbinden zweier ungleich starker Leinen.

4 Bunde

Als Bunde bezeichnet man Leinenverbindungen zum festen Verbinden oder Verlängern unterschiedlicher Konstruktionsteile. In der Regel handelt es sich dabei um Holzteile.

Man unterscheidet:

- Kreuzbund
- Wickelbund
- Dreibockbund

Wenngleich die Verwendung von Bunden im Bereich der Feuerwehr nicht alltäglich ist, so ist sie doch im Bereich des Katastrophenschutzes eine Grundtätigkeit.

4.1 Kreuzbund

Der Kreuzbund dient zum Verbinden sich schräg oder rechtwinklig kreuzender Balken oder Rundhölzer, die auf Zug oder Schub beansprucht werden. Das Seilende am Holm mit Mastwurf festlegen, dann drei bis fünf parallele Wicklungen um das Kreuz legen.

Mit einem Halben Schlag neben dem Mastwurf die ersten Wicklungen beenden und nun drei bis fünf Wicklungen parallel so über die bestehenden Wicklungen ausführen, dass diese kreuzen.

Mit einer Rosette wird der Kreuzbund stabilisiert. Dazu das Seil unter den letzten Wicklungen durchstecken, über die ersten Wicklungen fahren, parallel wieder unter den letzten durchstecken.

Die Rosette wird zweimal rundum gebunden.

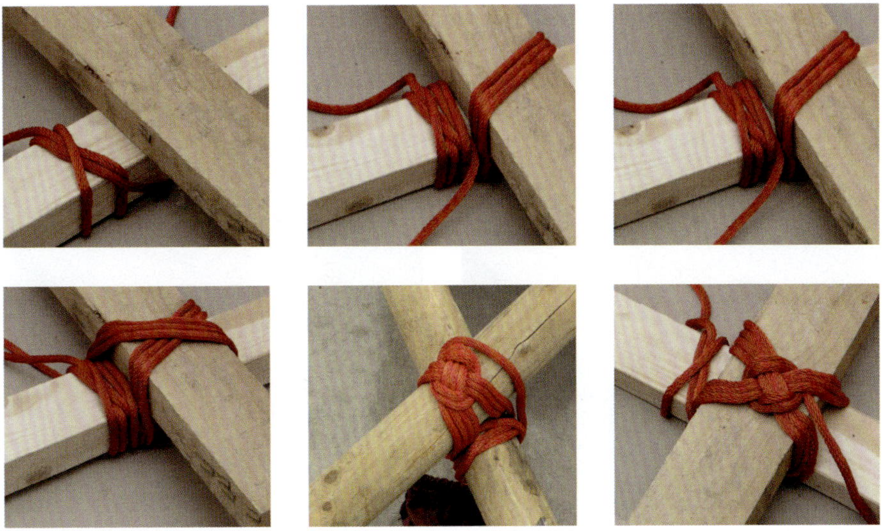

Abbildung 48a bis f: Kreuzbund (Quelle: Linde)

4.2 Wickelbund

Der Wickelbund dient zum Verlängern oder Verstärken von Holzbalken oder Rundhölzern.

Zum Erstellen eines Wickelbundes wird ein Seilende als Bucht parallel zu den zu verbindenden Balken gelegt. Die Balken werden fünf- bis achtmal stramm umwickelt, sodass die vorher gelegte Seilbucht von der Wicklung abgedeckt wird. Das kurze Ende der letzten Windung wird durch die gelegte Bucht geführt.

Die gelegte Bucht zusammen mit dem durchgeführten Seilende unter die Mitte der Wicklung ziehen, sodass sich die Seilenden in der Mitte kreuzen. Die Seilenden über der Wicklung mit Kreuzknoten stramm sichern.

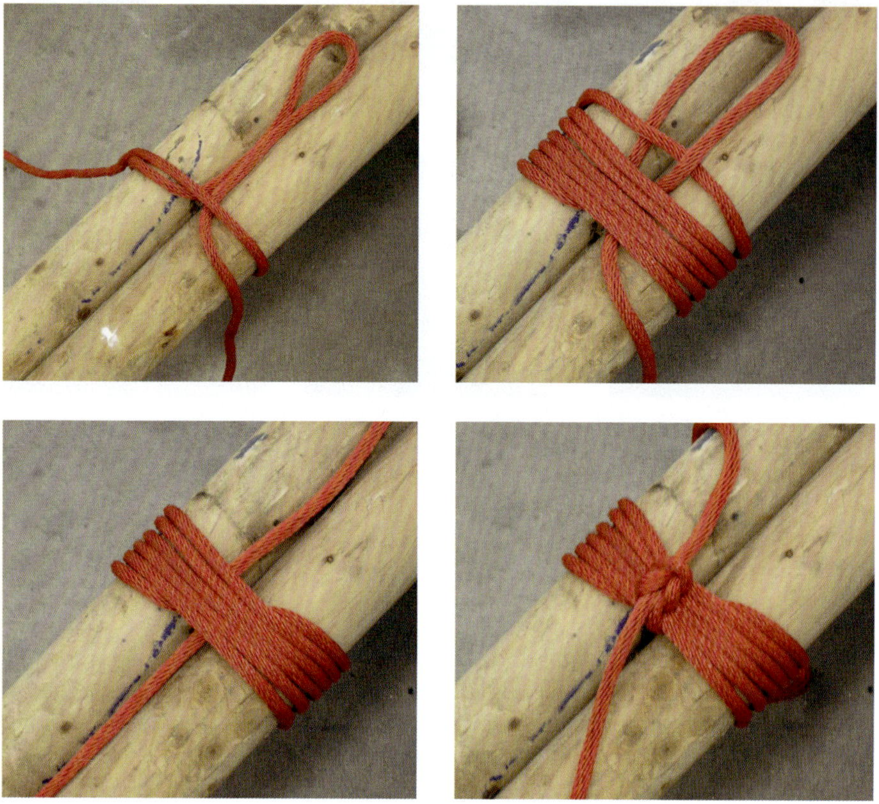

Abbildung 49a bis d: Wickelbund (Quelle: Linde)

4.3 Dreibockbund

Der Dreibockbund dient dem Erstellen eines Dreibocks unter Verwendung von geeigneten Rundhölzern.

Zum Erstellen eines Dreibocks werden die drei Rundhölzer parallel nebeneinander gelegt, einseitig angehoben und durch z.B. Abstandshölzer und Bauklammern auf einen Abstand von I des Rundholzdurchmessers gehalten, um die Verbindungsleine befestigen zu können. Der Anfang der Verbindungsleine wird am äußeren Rundholz mit Mastwurf gesichert.

Die Leine im Wechsel um die Rundhölzer legen, sodass sich ein Abstand der Rundhölzer von I des Durchmessers einstellt.

Seil je nach Belastung drei bis siebenmal um die Rundhölzer legen.

Die gekreuzten Leinen zwischen den Rundhölzern stramm umwickeln. Das Seilende mit einem Mastwurf am Rundholz sichern.

Das mittlere Rundholz anheben und die beiden seitlichen Hölzer darunter verschränken.

Den Dreibock in dieser Position aufrichten und am Fuß mit einer umlaufenden Leine sichern. Die Leine dazu mit Mastwürfen an den Rundhölzern befestigen.

Bei größeren Rundholzdurchmessern neigt der Mastwurf zum Lockern. Daher Mastwurf z.B. mit Bauklammern gegen Verschieben sichern.

Hinweis: Der Dreibock ist so zu belasten, dass die Kraft auf dem mittleren Rundholz aufliegt.

Niemals die Last am Bund befestigen!

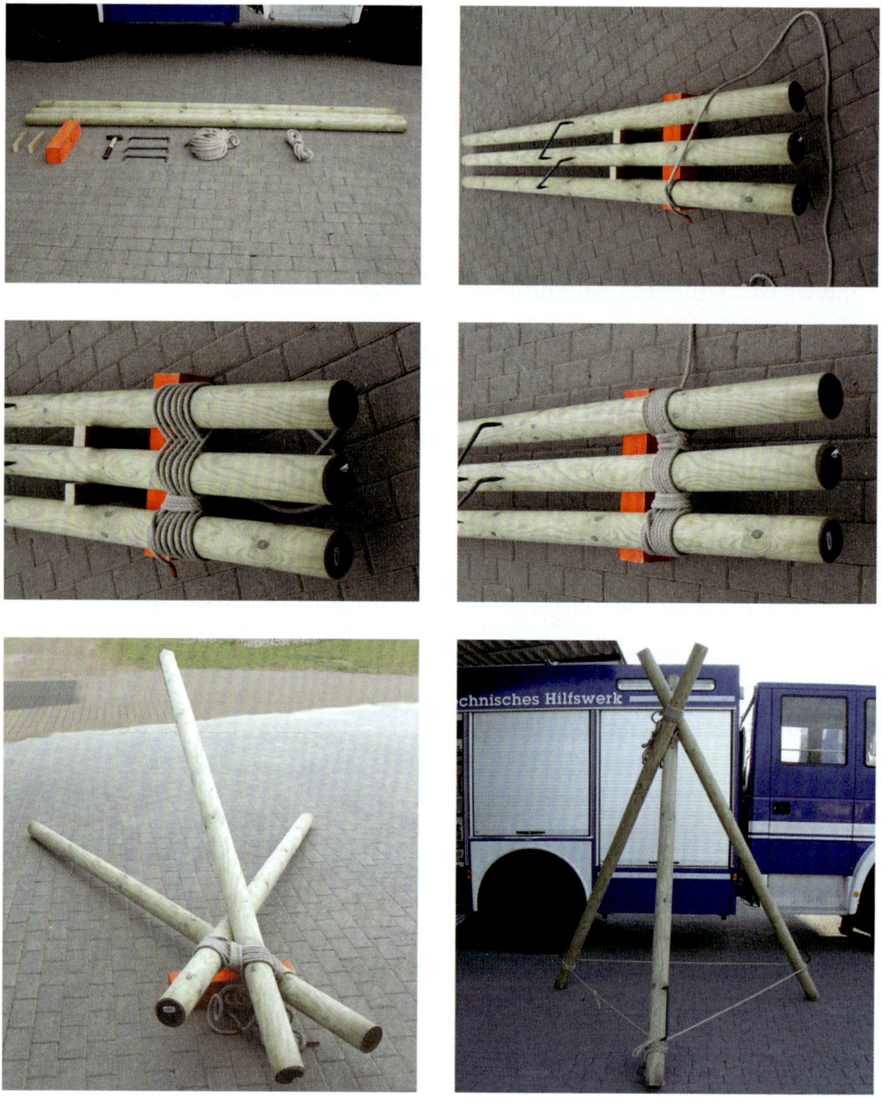

Abbildung 50a bis f: Dreibockbund (Quelle: Linde)

Abbildung 51:
Die Belastung des Dreibocks erfolgt auf dem mittleren Rundholz (siehe gelbe Rundschlinge)
(Quelle: Linde)

4.4 Selbstkontrolle und Testfragen

(Lösungen siehe Seite 104)

1. Welche Aussagen über den Wickelbund sind richtig?

a) Der Wickelbund dient dem Verbinden oder Verlängern von Holzbalken oder Rundhölzern.
b) Der Wickelbund zieht sich unter Belastung selbsttätig zu.
c) Der Wickelbund darf nur mit einer Feuerwehrleine gemäß DIN 14920 hergestellt werden.

2. Welche Aussagen über den Kreuzbund sind richtig?

a) Der Kreuzbund dient dem Verbinden oder Verlängern von Holzbalken oder Rundhölzern.
b) Der Kreuzbund wird mit einem Doppelten Ankerstich gesichert.
c) Der Kreuzbund wird mit einem Mastwurf gesichert.

3. Welche Aussagen über den Dreibockbund sind richtig?

a) Der Dreibockbund darf nur mit einer Feuerwehrleine gemäß DIN 14920 hergestellt werden.
b) Der Dreibockbund darf nur im Katastrophenfall eingesetzt werden, da er ein potenziell unsicherer Knoten ist.
c) Bei einem Dreibockbund darf die Belastung des Dreibocks nicht im Bund erfolgen.

5 Anwendungsbeispiele

5.1 Sichern einer Saugleitung

Abhängig von der Verlegung der Saugleitung kann das gesamte Gewicht der Saugleitung auf dem obersten Knaggenteil liegen. Dieses ist nicht in der Lage, das gesamte Gewicht einer gefüllten Saugleitung aufzunehmen. Zur Entlastung wird die Saugleitung mit einer Mehrzweckleine gesichert. Dazu wird der Saugkorb mit einem Zimmermannsstich oder einem Mastwurf gesichert. Die einzelnen Teile der Saugleitung werden jeweils unterhalb des Knaggenteils mit einem Halben Schlag gehalten.

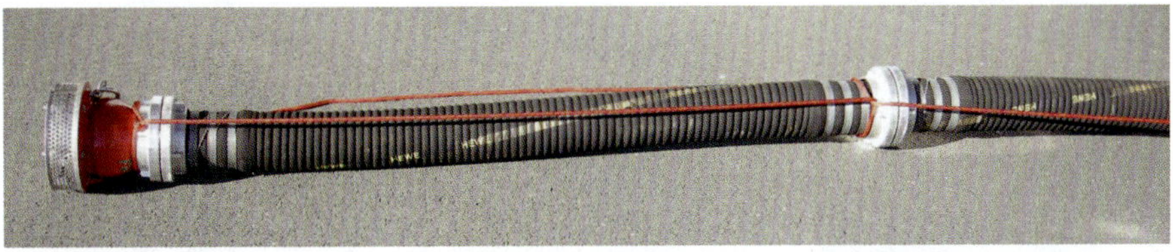

Abbildung 52: Sichern einer Saugleitung (Quelle: Linde)

Abbildung 53a und b: Sichern einer Saugleitung (Details) (Quelle: Linde)

5.2 Hochziehen einer Schlauchleitung

Zum Hochziehen einer Schlauchleitung wird diese am Stahlrohr mit einer Feuerwehrleine angeschlagen. Dazu wird das Knaggenteil zwischen Stahlrohr und Leitung mit einem Mastwurf oder einem Doppelten Ankerstich derart gesichert, dass beide Schläge des Stichs oberhalb und unterhalb des Knaggenteils liegen. Zusätzlich wird die Düse des Strahlrohrs mit einem Halben Schlag gesichert.

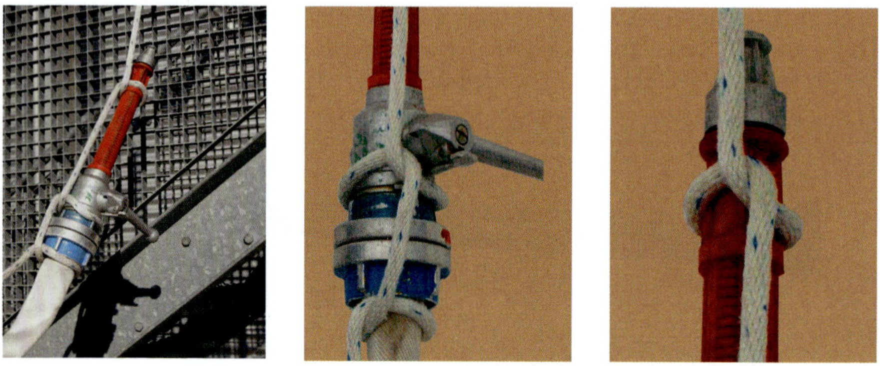

Abbildung 54a bis c: Hochziehen einer Schlauchleitung (Mitte und rechts: Details) (Quelle: Linde)

5.3 Sichern einer Schlauchleitung

Eine mit Wasser gefüllte Schlauchleitung, die z. B. in Treppenräumen durch das sogenannte Treppenauge herabhängt, stellt ein erhebliches Gewicht dar. Um ein Zurückrutschen der Leitung zu verhindern, muss diese gesichert werden.

Wie der Name schon sagt, dient hierzu der Seilschlauchhalter.

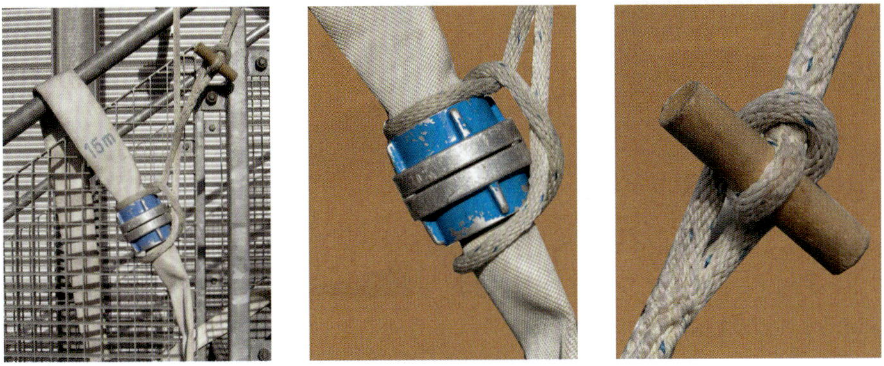

Abbildung 55a bis c: Sichern einer Schlauchleitung (Mitte und rechts: Details) (Quelle: Linde)

Die Schlauchleitung wird dazu vornehmlich am Knaggenteil mit einem Mastwurf oder Doppelten Ankerstich am Seilschlauchhalter befestigt, der Seilschlauchhalter seinerseits wird dann mittels Knebel und Auge zum Beispiel am Geländer befestigt.

5.4 Hochziehen eines Steckleiterteils

Die Feuerwehrleine wird am Leiterteil jeweils am Anfang und am Ende am Holm mit einem Mastwurf angeschlagen. Um eine bessere Führung der Leiter beim Hochziehen zu ermöglichen, werden die beiden Knoten wechselseitig an den Holmen angebracht.

Abbildung 56a bis c: Hochziehen eines Steckleiterteils (Mitte und rechts: Details) (Quelle: Linde)

5.5 Hochziehen einer Klappleiter

Die Feuerwehrleine wird am oberen Teil der Klappleiter mit einem Mastwurf befestigt, sodass nur der Holm der Klappleiter belegt wird, der oberhalb des Knotens eine Nase hat. Unterhalb wird die Feuerwehrleine mit einem Halben Schlag um beide Holme gelegt, sodass die Leiter beim Hochziehen zusammengehalten wird. Der Halbschlag wird so angebracht, dass der obere Mastwurf dadurch zusätzlich geklemmt wird.

Abbildung 57a bis c: Hochziehen einer Klappleiter
(Mitte und rechts: Details) (Quelle: Linde)

5.6 Hochziehen einer Kübelspritze

Um ein leichtes Einbinden beziehungsweise Lösen der Kübelspritze von der Feuerwehrleine zu gewährleisten, sollte die Feuerwehrleine nicht durch den oberen Haltebügel geführt werden. Um dies zu umgehen, wird die Feuerwehrleine doppelt genommen und so ein Mastwurf um den oberen Haltebügel der Kübelspritze gelegt. Der Mastwurf wird zusätzlich mit einem Spierenstich gesichert. Um eine bessere Führung der Kübelspritze beim Hochziehen zu gewährleisten, wird die Feuerwehrleine zusätzlich am unteren Teil der Kübelspritze mit einem Halben Schlag um diese gelegt.

Abbildung 58a bis c: Hochziehen einer Kübelspritze
(Mitte und rechts: Details) (Quelle: Linde)

5.7 Hochziehen einer Feuerwehraxt

Zum Hochziehen einer Feuerwehraxt mit einer Feuerwehrleine wird diese mit einem Mastwurf oder einem Doppelten Ankerstich derart festgelegt, dass die beiden Schläge von Mastwurf oder Ankerstich jeweils um die Schneide beziehungsweise um die gegenüberliegende Dexel gelegt werden. Zusätzlich wird die Feuerwehrleine am Axtstiel mit einem Halben Schlag belegt.

Abbildung 59 a bis c: Hochziehen einer Feuerwehraxt (Mitte und rechts: Details) (Quelle: Linde)

5.8 Selbstkontrolle und Testfragen

(Lösungen siehe Seite 104)

1. Welche Aussage über das Befestigen und Hochziehen von Geräten ist richtig?

a) Zum Befestigen und Hochziehen von Geräten dürfen nur Schlaufenstiche verwendet werden.
b) Zum Befestigen und Hochziehen von Geräten dürfen nur Schlingenstiche verwendet werden.
c) Wird zum Befestigen und Hochziehen von Geräten der Mastwurf verwendet, so ist dieser mit einem Spierenstich zu sichern.

2. Welche Aussage über das Befestigen und Hochziehen von Geräten ist richtig?

a) Der Doppelte Ankerstich ist zum Befestigen und Hochziehen von Geräten nicht zugelassen.
b) Das Sichern der Saugleitung erfolgt mit einem Halben Schlag oberhalb jedes Knaggenteils.
c) Für das Sichern einer Schlauchleitung darf ausschließlich der Seilschlauchhalter verwendet werden.
d) Zum Befestigen und Hochziehen einer Feuerwehraxt werden ausschließlich Schlingenstiche verwendet.

3. Welche Aussagen über das Befestigen und Hochziehen sind richtig?

a) Zum Befestigen und Hochziehen von Geräten dürfen nur Mehrzweckleinen mit Karabiner verwendet werden.
b) Zum Hochziehen von Leiterteilen werden diese durch den Mastwurf gesichert.
c) Der Saugkorb wird an der Saugleitung mit einem Zimmermannsstich oder einem Mastwurf gesichert.

6 Anschlagpunkte

Im Feuerwehreinsatz ist es regelmäßig erforderlich, für unterschiedlichste Zwecke geeignete Anschlagpunkte im Freien oder in Gebäuden zu finden. Anschlagpunkte werden oftmals auch als „Festpunkte“ oder „Befestigungspunkte“ bezeichnet und lassen sich grundsätzlich unterteilen in:

- Anschlagpunkte zur Personensicherung
- Anschlagpunkte für den Lastbetrieb

Neben unterschiedlichen Anforderungen an die o.g. Anschlagpunkte ist es für den Feuerwehrangehörigen wichtig zu wissen, wie solche Punkte eingerichtet und kritisch beurteilt werden können.

6.1 Anschlagpunkte zur Personensicherung

Anschlagpunkte zur Personensicherung dienen als Ausgangspunkt einer sogenannten Sicherungskette, die zur Sicherung gegen Absturz eingerichtet wird. Genormte Anschlagpunkte zur Personensicherung nach DIN EN 795 weisen eine statische Festigkeit von **mindestens 12 kN** auf. Im Feuerwehralltag sind solche geprüften Punkte mittlerweile an Hubrettungsfahrzeugen zu finden.

Dieser Wert eignet sich aber auch, um die Eignung von nicht nach der o.g. Norm zertifizierten Anschlagpunkten einzuschätzen. So eignen sich bspw. Schäkel an Feuerwehrfahrzeugen im Freien ebenfalls als Anschlagpunkte zur Personensicherung, da sie die Festigkeitswerte meist mehr als erfüllen.

Komplizierter wird es, wenn die Festigkeit von Gegenständen nicht bekannt ist. Dort sollte neben der kritischen Beurteilung auch immer ein gewisser *(Un-)Sicherheitsfaktor* mit einbezogen werden. Wenn man zu dem Urteil kommt, dass der gewählte Anschlagpunkt *„gerade eben so“* halten wird, ist es ratsam, nach einer Alternative zu suchen. Anschlagpunkte nehmen die komplette Last des Sicherungssystems auf und sind daher oftmals die am stärksten belasteten Punkte innerhalb der Sicherungskette.

Abbildung 60:
Anschlagpunkt am Fahrzeug – hier mit Belastungshinweis
(Quelle: Seeger)

Es eignen sich als Anschlagpunkte zur Personensicherung insbesondere:

- Geschweißte Treppengeländer oder Balkonbrüstungen (jeweils nahe an der Befestigung zur Verringerung der Hebelkräfte)
- Sekuranten/Anschlagpunkte auf Flachdächern (im Optimalfall sind diese als geprüft gekennzeichnet – ansonsten kritische Beurteilung!)
- Massive Fensterleibungen/Stürze

Sicherheitshinweis: Kamine, Regenrinnen, Blitzableiter oder Heizungsrohre sind in **keinem Fall** zur Personensicherung geeignet!

Im Freien eignen sich oftmals massive, gesundgewachsene Bäume, Leitplanken am Fahrbahnrand sowie die oben bereits erwähnten Feuerwehrfahrzeuge.

Werden Anschlagpunkte improvisiert, bspw. mit einem Brechwerkzeug in einer Fensterecke, kommt der kritischen Beurteilung ein noch höheres Gewicht zu. Solche Techniken sollten **nur im Ausnahmefall und zur Rettung aus Lebensgefahr** angewendet werden, wenn keine andere Möglichkeit zur Rettung besteht – wie im Falle der Selbstrettung mit dem Feuerwehr-Haltegurt. Sollen Bäume oder Bauteile als Anschlagpunkt genutzt werden, so bietet es sich an, Endlosschlingen um das Objekt zu legen und die Feuerwehrleine dann mittels Schäkel mit der Endlosschlinge zu verbinden. Dadurch werden Beschädigungen sowohl am Baum als auch an der Feuerwehrleine verhindert.

Innerhalb von Industriegebäuden bieten sich häufig Träger oder ähnliche Elemente als Anschlagpunkte an. Um eine Beschädigung der Feuerwehrleine an diesen Bauteilen zu verhindern, kann ein Feuerwehr-Haltegurt um den Träger gelegt werden und die Öse des Haltegurtes als Anschlagpunkt genutzt werden.

Hinweis: Als Befestigungsknoten am Anschlagpunkt werden der **Mastwurf** oder der **Doppelte Achterknoten** verwendet!

Abbildung 61: Anschlagpunkt mit Feuerwehr-Haltegurt an einem Stahlträger (Quelle: Linde)

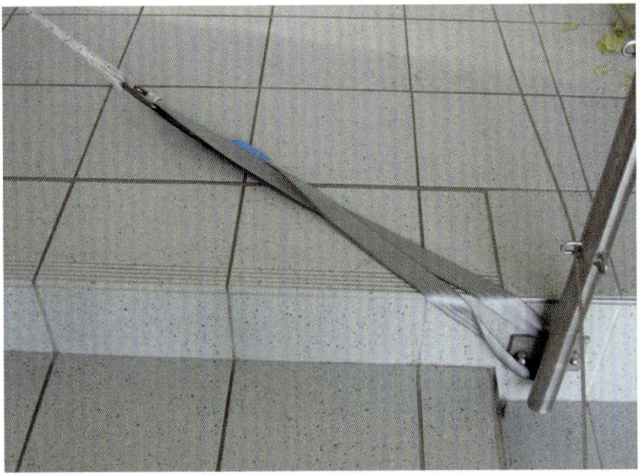

Abbildung 62:
Anschlagpunkt mit Bandschlinge an einem Treppengeländer
(Quelle: Linde)

6.2 Anschlagpunkte für den Lastbetrieb

Der Lastbetrieb umfasst im Feuerwehreinsatz in der Regel die Tätigkeiten

- Heben von Lasten
- Ziehen von Lasten

Dabei sind in Abhängigkeit von dem verwendeten Einsatzmittel ebenfalls Anschlagpunkte vonnöten. Im Gegensatz zum Bereich der Personensicherung finden sich hier seltener improvisierte Anschlagpunkte und häufiger solche, die vor Ort installiert oder an Fahrzeugen mitgeführt werden können.

Wesentlich höher sind hier allerdings die aufzunehmenden Lasten, weshalb ein erweitertes Wissen um die herrschenden Kräfte und physikalischen Gesetzmäßigkeiten erforderlich ist.

Die nachfolgenden Ausführungen beleuchten lediglich die Grundlagen über Anschlagpunkte für den Lastbetrieb. Sie ersetzen in keinem Fall eine gesonderte Ausbildung. Dies gilt insbesondere für das **Heben von Lasten** (ugs. „kranen“).

Abbildung 63: Anschlagpunkt an den Schäkeln eines Feuerwehrfahrzeugs (Quelle: Linde)

Werden Schäkel an Feuerwehrfahrzeugen für den Lastbetrieb verwendet, so sind diese i.d.R. immer paarweise zu verwenden. Die einschlägigen Betriebsanleitungen von Fahrzeug- und Aufbauhersteller sind entsprechend zu beachten! Diese geben an, für welche Last und Anschlagart die Anschlagpunkte ausgelegt sind.

Hinweis: Bei den Fahrzeugklassen M und S ist in der Regel von einer Zugkraft im geraden Zug von 50 kN je Schäkel auszugehen.

Neben Fahrzeugen kann auch beispielsweise ein Erdanker als Anschlagpunkt verwendet werden. Je nach Untergrund und Einschlagwinkel der Erdnägel lassen sich unterschiedliche Festigkeitswerte erzielen.

Werden andere Gegenstände oder Einrichtungen als Anschlagpunkte verwendet, gilt auch hier die kritische Beurteilung und das Beachten eines

Sicherheitsfaktors. Ist die Festigkeit zweifelhaft, können mehrere potenzielle Anschlagpunkte zu einem gemeinsamen zusammengefasst werden.

Beispielhaft und nicht abschließend genannt seien hier:

- Bäume (große Stammdurchmesser, vorzugweise Laubbäume)
- Massive Bauteile von Gebäuden
- Achsen von Fahrzeugen

Sicherheitshinweis: Ist die Festigkeit eines Anschlagpunktes (z.B. Bauteile, Bäume o.ä.) nicht bekannt, muss dieser kritisch beurteilt werden!

6.3 Selbstkontrolle und Testfragen

(Lösungen siehe Seite 104)

1. Welche Aussagen über Anschlagpunkte sind korrekt?

a) Zur Nutzung von Schäkeln an Feuerwehrfahrzeugen als Anschlagpunkt wird die Feuerwehrleine mittels Ankerstich angeschlagen.
b) Zur Nutzung von Schäkeln an Feuerwehrfahrzeugen als Anschlagpunkt wird die Feuerwehrleine mittels Mastwurf oder Doppeltem Achterknoten angeschlagen.
c) Bei der Nutzung von Bäumen als Anschlagpunkt sollten Anschlagmittel gewählt werden, die die Kraft großflächig auf die Rinde des Baumes verteilen, um Schäden zu vermeiden.

2. Welche Aussage über die Anschlagpunkte an Feuerwehrfahrzeugen ist korrekt?

a) Schäkel an Fahrzeugen sollten immer paarweise verwendet werden, um Schäden am Fahrgestell zu vermeiden.
b) Vorhandene Abschleppeinrichtungen dürfen aus Gründen der Fahrzeugsicherheit nicht zum Anschlagen verwendet werden.
c) Die Belastbarkeit des Anschlagpunktes entspricht immer dem zulässigen Gesamtgewicht des Fahrzeugs.

3. Welche Aussage über Anschlagpunkte ist richtig?

a) Anschlagpunkte müssen ausreichend belastbar sein.
b) Als Anschlagpunkte dürfen grundsätzlich nur dafür vorgesehene und vom Statiker abgenommene Komponenten verwendet werden.
c) Für Feuerwehrleinen dürfen grundsätzlich nur metallische Anschlagpunkte gewählt werden.

7 Anschlagen von Lasten

7.1 Anschlagmittel

Bei Einsätzen, insbesondere in Verbindung mit technischen Hilfeleistungen, steht die Feuerwehr immer wieder vor der Aufgabe, Lasten zu heben oder zu bewegen. Dazu ist es erforderlich, die Lasten anzuschlagen beziehungsweise die Zugeinrichtungen mit Anschlagpunkten zu verbinden. Hierfür stehen sogenannte Anschlagmittel zur Verfügung.

Im Feuerwehreinsatz kommen insbesondere in Frage:

- Rundschlingen
- Ketten
- Schäkel (diese zählen zu den lösbaren Verbindungselementen)

Hinweise für den korrekten Einsatz von Anschlagmitteln werden im Weiteren beschrieben.

Abbildung 64: Zugseil nicht zum direkten Anschlagen verwenden! (Quelle: Linde)

Hinweis: In jedem Fall ist es unzulässig, eine zu hebende oder zu bewegende Last mit dem eigentlichen Zugseil anzuschlagen!

Bei Anschlagmitteln muss zwischen dem Begriff der Mindestbruchlast und der Tragfähigkeit unterschieden werden. Für den Begriff der Tragfähigkeit wird auch häufig der englische Begriff „WLL“ (Working Load Limit) verwendet. Auf Anschlagmitteln, insbesondere auch auf Rundschlingen, ist wegen der Internationalität dieses Begriffes häufig nur diese Bezeichnung zu finden.

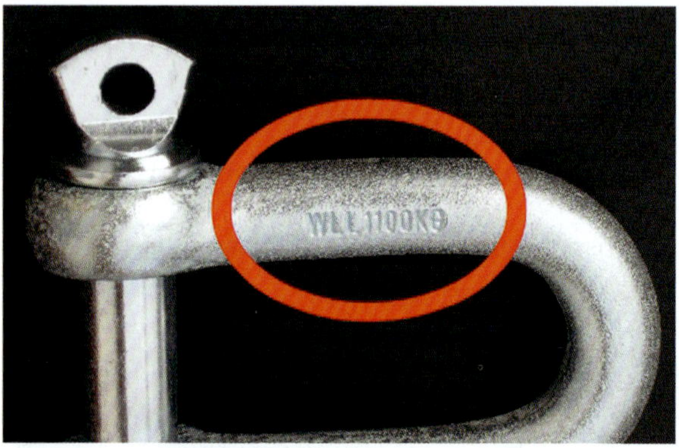

Abbildung 65:
WLL-Beschriftung
(Quelle: Linde)

Vereinfacht lässt sich die Bezeichnung WLL wie folgt definieren:

WLL = Mindestbruchlast [in kg] ÷ Betriebskoeffizient

Der Betriebskoeffizient wurde vormals als „Sicherheitsfaktor“ bezeichnet. Für unterschiedliche Anschlagmittel existieren unterschiedliche Betriebskoeffizienten. Bei Rundschlingen beträgt dieser den Wert 7.

Das bedeutet, dass eine Rundschlinge mit einem WLL von 2 t erst bei einer Belastung von 14 t versagen darf.

Diese hohe Sicherheitsreserve ist nötig, weil Rundschlingen im Industriebereich zum Heben und Tragen von Lasten verwendet werden.

Hinweis: Ein Anschlagmittel darf niemals über seine zulässige Tragfähigkeit (WLL) hinaus belastet werden!

Beim Anschlagen von Lasten ist es oftmals erforderlich, dass Anschlagmittel im schrägen Zug belastet werden (bspw. bei einem zweisträngigen Zug – siehe Grafik in Abbildung 66). Der Winkel zwischen der Senkrechten und dem Anschlagmittel wird als Neigungswinkel bezeichnet. Aufgrund der physikalischen Bedingungen wird die Zugkraft im Anschlagmittel mit zunehmendem Neigungswinkel immer größer. Bei einem Neigungswinkel von 60° wirkt die Gesamtlast bereits auf jeden Einzelstrang. Neigungswinkel von mehr als 60° sind nicht zulässig.

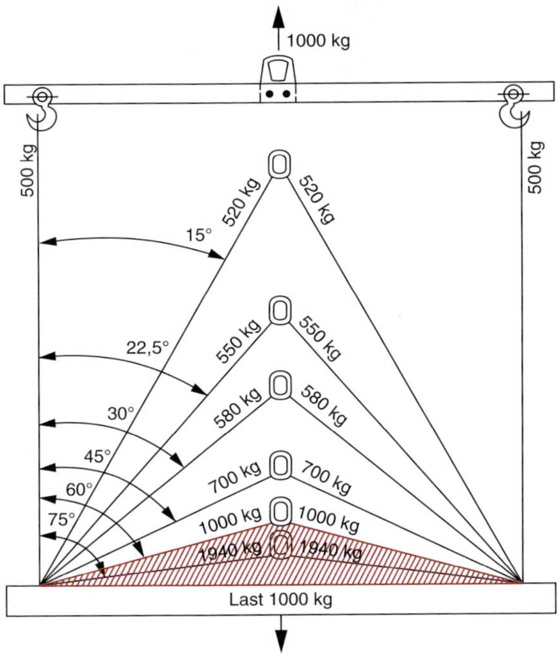

Abbildung 66: Kraftzunahme in Abhängigkeit vom Neigungswinkel (Quelle: Linde)

7.2 Rundschlingen aus Chemiefasern (DIN 1492-2: 2009-05)

Abbildung 67:
Rundschlinge aus Chemiefasern (DIN 1492-2)
(Quelle: Linde)

Aufgrund ihrer Flexibilität sowie ihrem im Vergleich zu Stahlketten geringen Gewicht werden bei der Feuerwehr bevorzugt Rundschlingen aus Chemiefasern nach DIN 1492-2 eingesetzt.

Diese Rundschlingen bestehen im Kern aus endlos gelegten Chemiefasern vornehmlich aus Polyester oder Polyamid. Dieser Kern bildet das tragende Element einer Rundschlinge. Um diesen Faserkern herum befindet sich ein Schutzmantel aus gewebtem Kunstfasermaterial, welches zusätzlich gegen Umwelteinflüsse imprägniert ist.

Abbildung 68a und b: Aufbau Rundschlinge (Quelle: Pfeifer)

Dieser Schutzmantel dient neben dem mechanischen Schutz auch aufgrund seiner Einfärbung der besseren Erkennbarkeit der zulässigen Belastung (*siehe Tabelle 1*). Neben dieser Farbkennzeichnung befindet sich häufig zusätzlich auf dem Schutzmantel, der Länge nach umlaufend, je 1.000 kg Belastung ein eingewebter schwarzer Streifen (sog. „Tonnensteifen“). Das heißt, eine Rundschlinge für eine zulässige Belastung von 2.000 kg verfügt über zwei umlaufende Streifen usw. Weiterhin ist die zulässige Belastung als Text auf der Gegenseite der umlaufenden Streifen auf der Rundschlinge aufgedruckt.

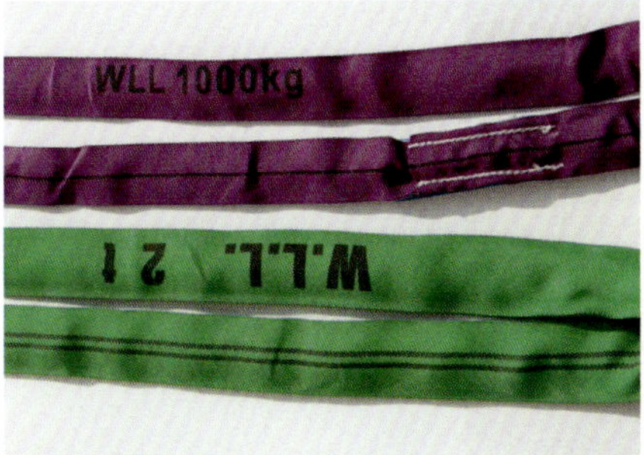

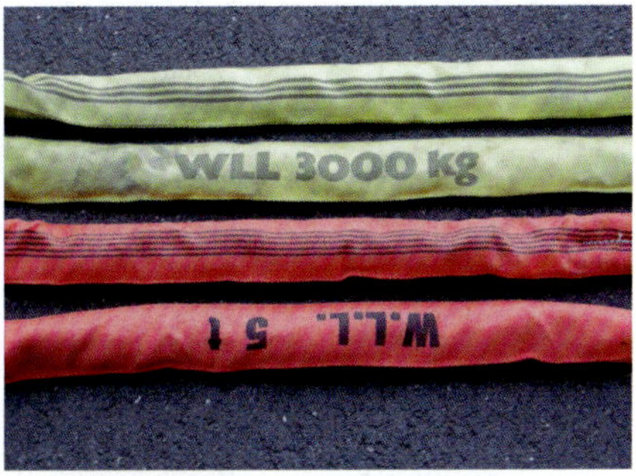

Abbildung 69a und b: Rundschlingen (DIN 1492-2) Kennzeichnung (Quelle: Linde)

Zur eindeutigen Identifizierung sind Rundschlingen mit einem Etikett versehen. Das Etikett besteht aus einem Abschnitt A, der sich unter der Naht innerhalb der Rundschlinge befindet und einem Abschnitt B, der sich außerhalb sichtbar für den Benutzer befindet. Das Etikett enthält Informationen über Werkstoffe, Länge der Rundschlinge, Angaben über die unterschiedlichen Lastfaktoren je nach Belastungsart der Rundschlinge.

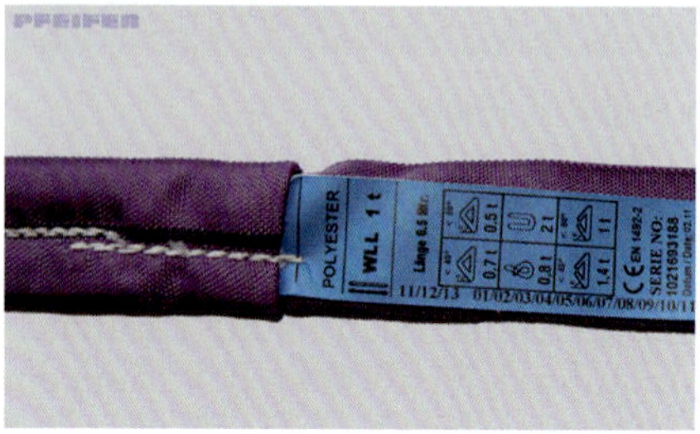

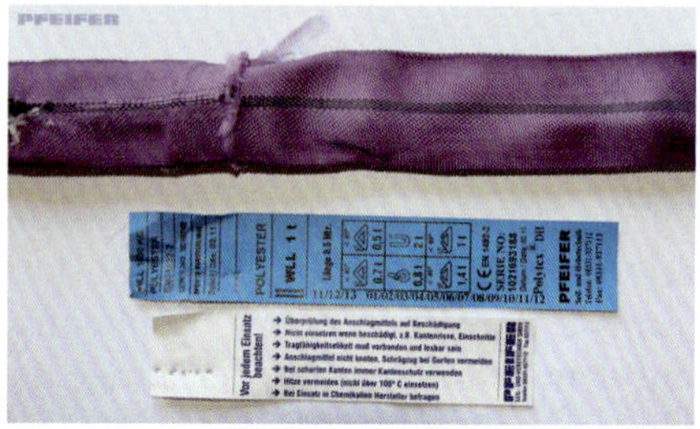

Abbildung 70a und b: Rundschlingen (DIN 1492-2) Kennzeichnungsetikett (Quelle: Pfeifer)

Tragfähigkeit	Farbkennzeichnung
1.000 kg	Violett
2.000 kg	Grün
3.000 kg	Gelb
4.000 kg	Grau
5.000 kg	Rot
6.000 kg	Braun
8.000 kg	Blau
10.000 kg	Orange
größer 10.000 kg	Orange

Tabelle 1: Farbkennzeichnung für Rundschlingen gem. DIN 1492-2

Alle Tragfähigkeiten über 10.000 kg sind orange zu kennzeichnen. Rohweiße, unbehandelte Rundschlingen sind nicht zulässig

Unabhängig von der Farbe der Rundschlingen an sich, die die Tragfähigkeit angibt, ist die Farbe des Etiketts ebenfalls von Bedeutung. Diese gibt zusätzlich eine Information über das Material, aus dem die Rundschlinge gefertigt wurde.

Polyamid (PA) = grün
Polypropylen (PP) = braun
Polyester (PES) = blau

In der Regel wird zur Herstellung von Rundschlingen aufgrund der hohen Festigkeit Polyester verwendet.

Zur Bestimmung der tatsächlichen Tragfähigkeit von Rundschlingen muss auch der Anschlagfaktor berücksichtigt werden, da sich je nach Anschlagart und Neigungswinkel die wirkenden Kräfte verändern bzw. die tragenden Fasern einer Querkontraktion (Quetschung) unterworfen werden.

Der Anschlagfaktor beeinflusst die Tragfähigkeit ebenfalls erheblich, zum Positiven oder Negativen. Er wird mit dem WLL multipliziert und ergibt das tatsächliche WLL für die bestimmte Anschlagart.

Tabelle 2: Anschlagfaktor bei einsträngiger Anwendung

Anschlagart	direkt	umgelegt	Schnürgang	umgelegt mit Neigungswinkel	direkt mit Neigungswinkel
		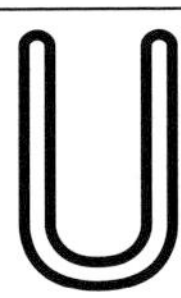			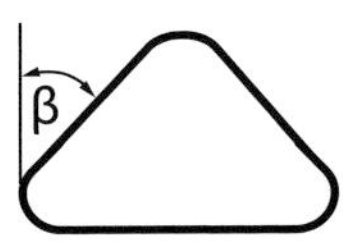
Anschlagfaktor [M]	1,0	2,0	0,8	$\beta > 7° \leq 45°$ M = 1,4 $\beta > 45° \leq 60°$ M = 1,0	$\beta > 7° \leq 45°$ M = 0,7 $\beta > 45° \leq 60°$ M = 0,5

Tabelle 3: Anschlagfaktor bei zweisträngiger Anwendung

Anschlagart	direkt	Schnürgang
	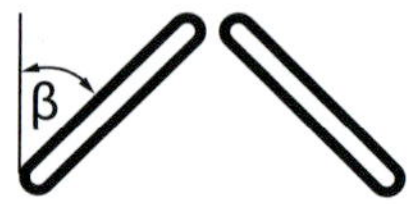	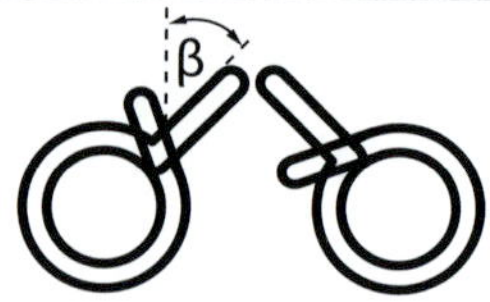
Anschlagfaktor [M]	$\beta > 7° \leq 45°$ M = 1,4 $\beta > 45° \leq 60°$ M = 1,0	$\beta > 7° \leq 45°$ M = 1,12 $\beta > 45° \leq 60°$ M = 0,80

Rundschlingen nach DIN EN aus PES und PA können im Temperaturbereich von –40 °C bis +100 °C verwendet werden, Rundschlingen aus PP sind von –40 °C bis +80 °C einsetzbar. Bei Temperaturen unter dem Gefrierpunkt dürfen nur trockene Rundschlingen verwendet werden.

■ Grundsätze beim Einsatz von Rundschlingen

- Ein Anschlagmittel darf niemals über seine zulässige Tragfähigkeit (WLL) hinaus belastet werden!
- Rundschlingen dürfen nicht verknotet werden, da die dabei erzeugte Querkontraktion die Tragfähigkeit erheblich beeinträchtigt.
- Rundschlingen sind im Vergleich zu Kunstfaserseilen durch die Verwendung eines Schutzmantels (es werden auch Rundschlingen mit doppeltem Schutzmantel angeboten) erheblich widerstandsfähiger gegen mechanische Belastungen. Obwohl Rundschlingen speziell für das Anschlagen von Lasten gefertigt werden, müssen diese, wenn sie um scharfe Kanten gezogen werden, mit einem zusätzlichen Flankenschutz versehen sein.
- Zur Verbindung von Rundschlingen nur zugelassene Anschlagmittel, wie z. B. Schäkel, verwenden. Geschweifte Schäkel bevorzugt einsetzen.
- Bei der Verwendung von Schäkeln muss die Rundschlinge vollflächig in diesem aufliegen!

Hinweis: Rundschlingen niemals mit Bandschlingen verwechseln!

Abbildung 71: Rundschlingen dürfen nicht verknotet werden! (Quelle: Linde)

Abbildung 72: Rundschlingen dürfen nicht miteinander verknotet werden! (Quelle: Linde)

Abbildung 73: Kantenschutz für Rundschlinge (Quelle: Linde)

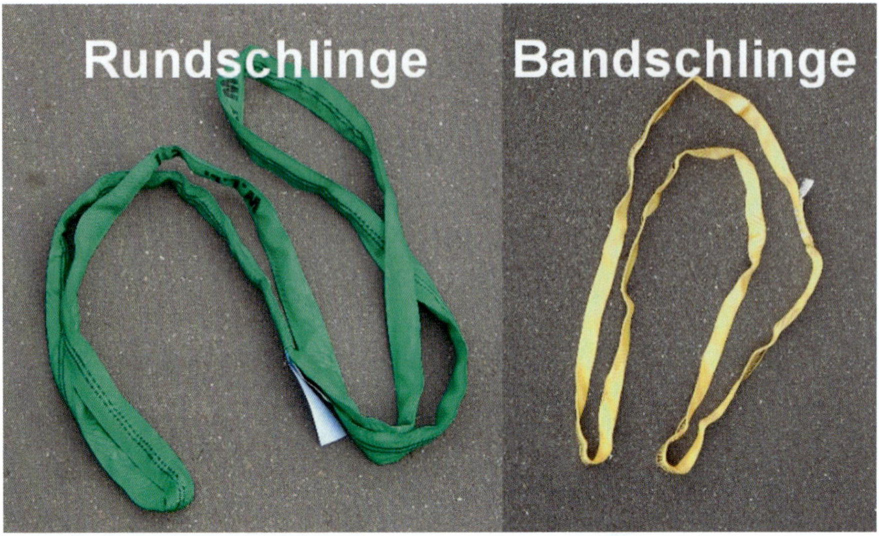

Abbildung 74: Rundschlingen / Bandschlingen (Quelle: Linde)

7.3 Schäkel

Ein Schäkel ist ein U-förmiger, mit einem Schraub- oder Steckbolzen verschließbarer Bügel zum Verbinden zweier Teile.

Bei der Feuerwehr dienen Schäkel vor allem dem Verbinden von Seilen, Rundschlingen, Drahtseilen oder Ketten untereinander. Dabei übertragen sie die Zugkräfte und gewährleisten ebenso eine gewisse Beweglichkeit. Insbesondere zum Anschlagen von Rundschlingen oder Drahtseilen an Feuerwehrfahrzeugen finden Schäkel Verwendung. Hierzu befinden sich an allen großen Fahrzeugen der Feuerwehr entsprechende Befestigungspunkte vorne und hinten am Fahrzeug zur Aufnahme von Schäkeln.

Abbildung 75:
Fahrzeug mit Schäkel
(Quelle: Linde)

Bei der Feuerwehr kommen vorrangig genormte Schäkel in der geraden Form (bspw. nach DIN 82101) sowie die geschweifte Form (bspw. nach DIN 82016) zum Einsatz. Bei der geraden Form findet man die Form A; hier wird der Bolzen in das Schäkelauge angeschraubt. Weiterhin unterscheidet man die Form B, bei der der Bolzen bündig in dem Schäkel versenkt wird und die Form C; hier wird der Bolzen mit einer Mutter und einem zusätzlichen Splint gesichert. Während man in der industriellen Anwendung, insbesondere bei dauerhafteren Verbindungen, primär Schäkel der Form C verwendet, sind diese für den praktischen Feuerwehreinsatz weniger geeignet. Man stelle sich vor, man versucht bei Dunkelheit und der Hektik des Feuerwehreinsatzes einen heruntergefallenen Splint wiederzufinden.

Für eine sichere Verbindung im Feuerwehreinsatz muss der Bolzen korrekt eingeschraubt sein, der Bolzenbund muss dabei plan auf dem Schäkelauge liegen.

Bei Schäkeln in geschweifter Form unterscheidet man Form A und Form B. Bei der Form A handelt es sich um einen Schäkel mit einem Bolzen, der in das Schäkelauge geschraubt wird, bei der Form B handelt es sich um einen Schäkel, bei dem der Bolzen mit Mutter und Splint gesichert ist.

Abbildung 76: Schäkel in gerader Form (DIN 82101) (Quelle: Linde)

Abbildung 77: Schäkel in geschweifter Form (DIN 82016) (Quelle: Linde)

Schäkel werden in unterschiedlichen Größen beziehungsweise Tragfähigkeiten gefertigt. Dabei lässt die Baugröße keinen eindeutigen Schluss auf die Tragfähigkeit des Schäkels zu. So sind Schäkel aus hochfestem Stahl in vergüteter Ausführung bei gleicher Tragfähigkeit deutlich kleiner als Schäkel aus unlegiertem Stahl.

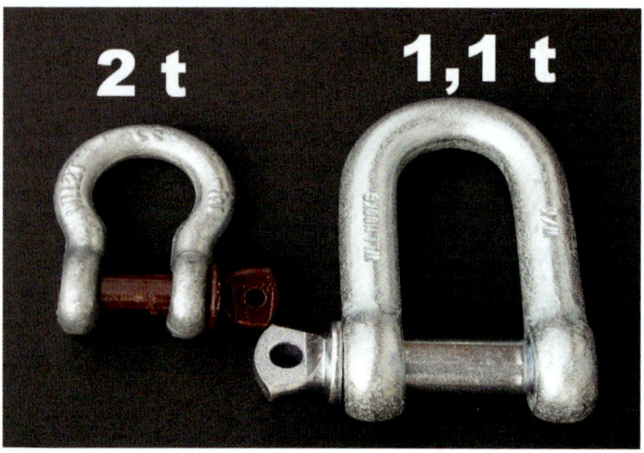

Abbildung 78: Größenvergleich Schäkel aus hochfestem Stahl (links) und Schäkel aus unlegiertem Stahl (rechts) (Quelle: Linde)

War es früher häufig nicht möglich, die Tragfähigkeit eines Schäkels unmittelbar am Schäkel selbst abzulesen, so wird mittlerweile die zulässige Tragfähigkeit in den Schäkel eingeschmiedet oder eingeschlagen. Bei der Kennzeichnung sind zwei Arten gebräuchlich.

- Im ersten Fall wird die Tragfähigkeit durch das Kürzel „WLL“ (Working Load Limit) *(siehe Abbildung 79)*, gefolgt von dem eigentlichen Wert – in der Regel in Tonnen – angegeben. Hier kann also die zulässige Tragfähigkeit unmittelbar abgelesen werden.
- Im zweiten Fall wird die Tragfähigkeit in verschlüsselter Form angegeben *(siehe Abbildung 80)*. Dabei wird ein Zahlenpaar getrennt mit einem Bindestrich, z. B. 13-8, auf dem Schäkel eingeschlagen. Bei den Zahlen repräsentiert die erste Zahl die Größe des Schäkels und die zweite die so genannte Güteklasse.

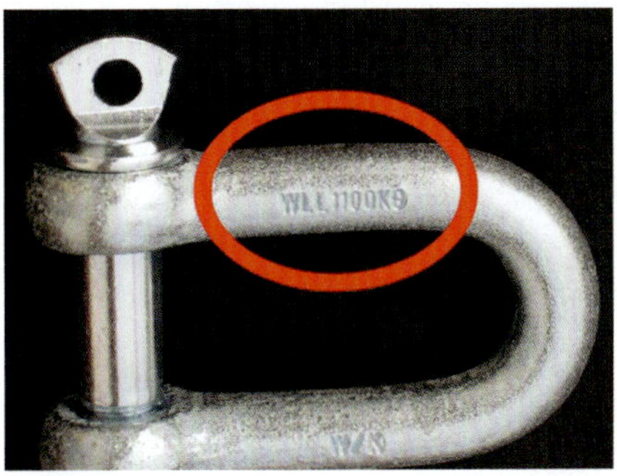

Abbildung 79: Angabe der Tragfähigkeit „WLL“ (Working Load Limit) (Quelle: Linde)

Abbildung 80: Angabe Güteklasse (Quelle: Linde)

Es gibt unterschiedliche Güteklassen – bei der Feuerwehr werden jedoch vornehmlich Schäkel der Güteklasse 8 verwendet. Die tatsächliche zulässige Tragfähigkeit eines solchen Schäkels kann der Tabelle 4 entnommen werden.

Tabelle 4: Tragfähigkeit Schäkel

Nenn-größe	Nenng. nach DIN 82101	Tragfä-higkeit t	Maße in mm					Gewicht ca. kg
			D1	D2	D3	D4	B	
6-8	0,4	1,12	10	10	20	M10	13,5	0,1
8-8	0,6	2	13	12	24	M12	17	0,18
10-8	1	3,15	15	16	31	M16	23	0,39
13-8	1,6	5,3	19	20	37	M20	27	0,8
16-8	2,5	8	24	24	47	M24	34	1,4
18-8	3	10,00	27	27	56	M27	40	2,2
18/20-8	4	12,5	27	30	60	M30	42	2,7
22-8	5	15,00	33	36	72	M36	48	4,3

Abbildung 81: Bemaßung Schäkel
(Quelle: Linde)

Merke: Nicht gekennzeichnete Schäkel dürfen bei der Feuerwehr nicht verwendet werden.

Hinweis: Es empfiehlt sich, auf einem Fahrzeug nur Schäkel eines Typs, also entweder Schäkel aus hochlegiertem Edelstahl in vergüteter Ausführung oder Schäkel aus unlegiertem Stahl, zu verlasten.

■ Verwendung von Schäkeln

Die eben genannten Schäkel in gerader Form sind dazu konstruiert, Kräfte in Längsrichtung aufzunehmen. Sie werden daher vorrangig im *geraden Zug* verwendet. Das bedeutet, dass lediglich ein Anschlagmittel in sie eingehängt ist und sie in Längsrichtung belastet werden. Sollten gerade Schäkel quer belastet werden, droht das Aufbiegen des Bügels und damit dessen Zerstörung.

Werden Schäkel am Feuerwehrfahrzeug verwendet, ist es i.d.R. zwingend vorgeschrieben, diese paarweise zu verwenden. Es ergibt sich dadurch die Schwierigkeit, einen geraden Zug zu realisieren, bei dem beide Fahrzeugschäkel belastet werden. Sind am Fahrzeug ausschließlich gerade Schäkel verbaut, macht das die Lage ungleich schwieriger, wenn nicht gar unmöglich.

Daher werden für eventuelle seitliche Belastungen Schäkel in geschweifter Form verwendet. Obwohl auch hier die Verwendung im geraden Zug empfohlen wird, sind sie auch bedingt für die Aufnahme von Querkräften geeignet. Im Optimalfall sind die maximal zulässigen Schrägzugwinkel am Feuerwehrfahrzeug angegeben – diese sind zwingend zu beachten.

Im Lasthebebetrieb werden Schäkel dieser Bauform vorzugsweise für einen *mehrsträngigen Zug* eingesetzt, also die Zusammenfassung mehrerer Anschlagmittel im Schäkelauge.

Abbildung 82: Geschweifter Schäkel an einem Feuerwehrfahrzeug mit Verwendungshinweis (Quelle: Seeger)

Hinweis: An Feuerwehrfahrzeugen eignen sich geschweifte Schäkel als Anschlagpunkte. Diese können auch bedingt quer belastet werden.

Abbildung 83a: Rundschlinge wird in das Schäkelauge „gequetscht“ (Quelle: Seeger)

Abbildung 83b: Rundschlinge liegt vollflächig im Schäkelauge auf (Quelle: Seeger)

Insbesondere bei der Verwendung von Rundschlingen sollte in jedem Fall auf geschweifte Schäkel zurückgegriffen werden. Rundschlingen können ihre volle Tragkraft nur entfalten, wenn sie vollflächig im Schäkel aufliegen. Werden sie in den Bügel des Schäkels „gequetscht“, reduziert sich ihre Tragfähigkeit. Daher sollten immer ausreichend große, geschweifte Schäkel, passend zu den verlasteten Rundschlingen, bereitliegen.

Werden hochfeste Schäkel verwendet, die aufgrund ihrer Güte oftmals kompakter sind als die Pendants aus Qualitätsstahl, muss im Zweifel eine andere Größe verwendet werden, damit die Rundschlinge vollflächig aufliegen kann.

Bei der Verwendung von zwei Rundschlingen, die gemeinsam im Auge eines Schäkels aufliegen (sogenannter *zweisträngiger Zug*), treten automatisch Querbelastungen auf. Diese können von einem geschweiften Schäkel besser aufgenommen werden als von einem geraden Schäkel.

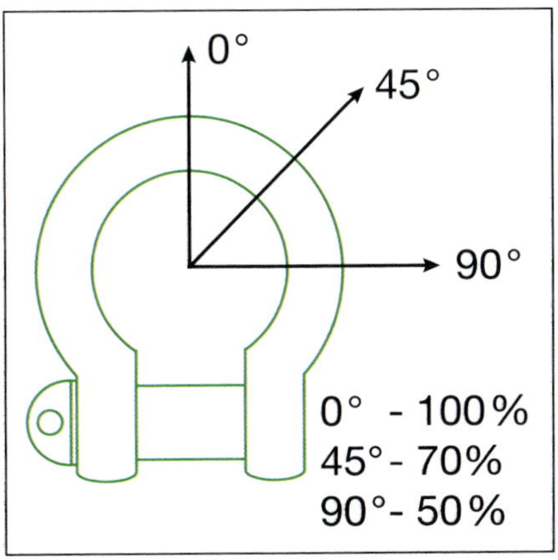

Abbildung 84: Reduktion des WLL in Abhängigkeit vom Belastungswinkel – orientierende Werte! (Quelle: Seeger)

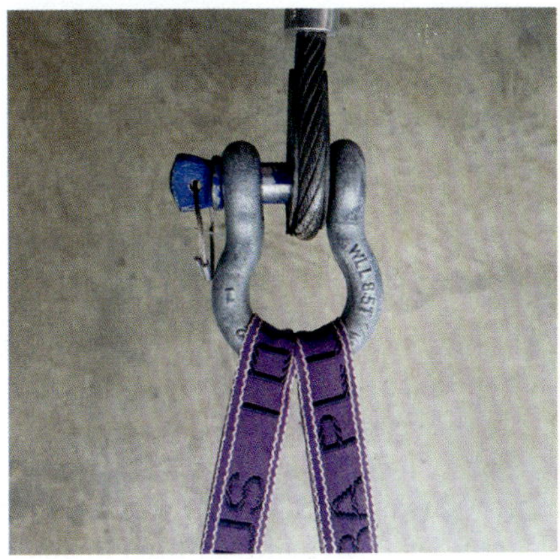

Abbildung 85: Zweisträngiger Zug mit zwei Rundschlingen in einem geschweiften Schäkel (Quelle: Seeger)

Jedoch sind auch hier Reduktionen der Tragfähigkeit zu beachten. Orientierende Werte bietet die obenstehende Grafik in Abbildung 84. Genaue Hinweise sind den Gebrauchsanleitungen der Hersteller zu entnehmen! Weiterhin müssen die Schäkel vom Hersteller für diesen Zweck zugelassen sein.

Wird ein Schäkel zur Bildung eines sogenannten Schnürgangs verwendet, so ist der Schäkel so einzusetzen, dass der Bolzen nicht am ablaufenden Rundschlingenende eingesetzt wird.

Wird diese Verbindung belastet, besteht die Möglichkeit, dass der Bolzen durch die Belastung aus dem Schäkel geschraubt wird.

Abbildung 86a und b: Bolzen des Schäkels nicht am ablaufenden Rundschlingenende einsetzen! (Quelle: Linde)

7.4 Anschlagketten

Anschlagketten zeichnen sich im Vergleich zu Rundschlingen durch ihr deutlich höheres Eigengewicht aus. Eine vier Meter lange Anschlagkette der Güteklasse 8 bspw. wiegt etwa 14 kg!

Dennoch haben Anschlagketten in gewissen Einsatzszenarien einen Vorteil gegenüber den Rundschlingen aus Chemiefasern. Sie sind im Bereich von erwärmten Oberflächen einsatzbar und aufgrund ihrer Beschaffenheit wesentlich unempfindlicher gegenüber scharfen Kanten. Das macht sie gerade im Einsatz zur technischen Hilfeleistung bei Verkehrsunfällen zu einer optimalen Ergänzung, da hier erfahrungsgemäß häufig mit Glassplittern und scharfen Kanten zu rechnen ist.

Als Rettungsgerät im Rahmen der „Kettenrettung“ erlebt die Anschlagkette bei vielen deutschen Feuerwehren ein Comeback.

Auch Anschlagketten werden in Güteklassen eingeteilt. Diese beschreiben das Verhältnis von Kraft zu tragender Querschnittsfläche. Je höher die Güteklasse, desto höher die Tragfähigkeit bei gleicher Kettendicke. Das hat folglich auch eine Auswirkung auf das Gewicht der Kette. Eine Kette gleicher Tragfähigkeit mit einer höheren Güteklasse ist deutlich leichter.

Bei der Feuerwehr finden in der Regel Anschlagketten der Güteklassen 8 und 10 Verwendung. Die untenstehende Tabelle verdeutlicht die Gewichtsunterschiede zwischen beiden Güteklassen.

Tabelle 5: Gewichte einer 4 m langen Anschlagkette (GK 8 und 10)

Güteklasse	GK 8	GK 10
Gewicht [kg]	29,5 kg	19 kg
Gewichtsersparnis (i.V. zu GK 8)		–36 %

Anschlagketten der Güteklassen 8 und 10 verfügen über einen Betriebskoeffizienten von 4.

Einsetzbar sind sie in den Temperaturbereichen von –40 °C bis 200 °C ohne Einschränkungen. Bei Temperaturen über 200 °C verringert sich die Tragfähigkeit (WLL) um die folgenden Werte:

Tabelle 6: Tragfähigkeitsminderung nach Temperaturbereichen

Güteklasse	**GK 8**	**GK 10**
Temperaturbereich	200–300 °C: –10 %	200–300 °C: –10 %
	300–400 °C: –25 %	300–380 °C: –40 %

Gekennzeichnet sind Anschlagketten durch ein Tragkraftschild, auf dem die jeweilige Tragkraft angegeben ist.

Wie auch bei Rundschlingen verringert sich die Tragkraft beim Anschlagen im Schnürgang, bzw. bei entsprechenden Neigungswinkeln. Die genauen Faktoren sind den Bedienungsanleitungen der Hersteller zu entnehmen.

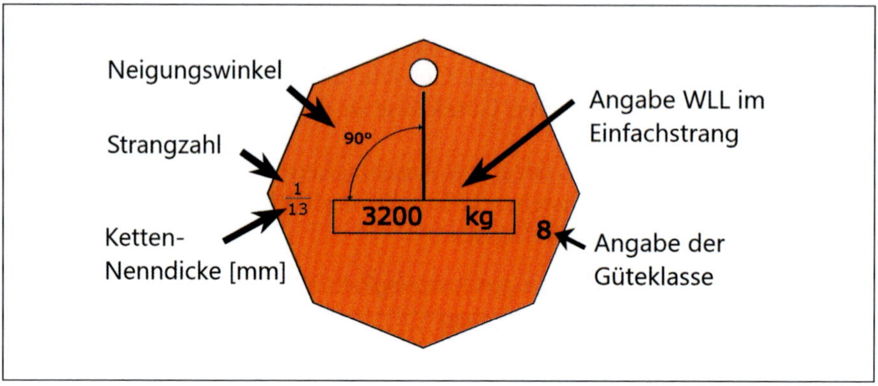

Abbildung 87: Beispielhafte Darstellung eines Kennzeichnungsschildes einer Anschlagkette – hier: Güteklasse 8, daher achteckig (Quelle: Seeger)

Oftmals findet man auf Anschlagketten der Güteklassen 8 und 10 den Buchstaben „H" für „hochfest". Diese Kennzeichnung stammt ursprünglich aus den 1930er-Jahren, ist aber bei vielen Herstellern bis heute gebräuchlich.

Bei der Verwendung von Anschlagketten ist darauf zu achten, dass Lasthaken nur in die dafür vorgesehenen Ösen eingehakt werden oder um die Kette herum gehakt wird – **keinesfalls in ein Kettenglied**.

Wird nicht die gesamte Nutzlänge der Anschlagkette benötigt, wird ein sogenannter Verkürzungshaken verwendet, um die Kette auf die benötigte Länge einzukürzen.

Anschlagketten sind ablegereif, wenn sich die Kette um **mehr als 5 %** gelängt hat, oder die gemittelte Stärke eines beliebigen Kettenglieds um **mehr als 10 %** abgenommen hat. Wie andere Anschlagmittel müssen Anschlagketten regelmäßig durch eine befähigte Person geprüft werden.

Abbildung 88: „H-Stempel" am Kennzeichnungsschild einer Anschlagkette der Güteklasse 8 (Quelle: Seeger)

Abbildung 89: Anschlagkette der Güteklasse 8 – mit achteckigem Kennzeichnungsschild (Quelle: Seeger)

■ Grundsätze beim Einsatz von Anschlagketten

- Ein Anschlagmittel darf niemals über seine zulässige Tragfähigkeit (WLL) hinaus belastet werden.
- Obwohl Anschlagketten robuster und widerstandsfähiger als Rundschlingen sind, ist nach einer Kantenbelastung die Anschlagkette durch eine befähigte Person zu prüfen.
  Das gilt ebenso nach einem Kontakt der Anschlagkette mit Chemikalien.
- Stoß- und Schwungbelastungen sind zu vermeiden. Diese können die Anschlagketten beschädigen.
- Die zu hebende Last nicht auf der Anschlagkette abstellen, festsitzende Ketten nicht gewaltsam lösen.
- Sind Kettenglieder beschädigt, deformiert oder gebrochen, muss die Anschlagkette der Benutzung entzogen werden – gleiches gilt, wenn das Kennzeichnungsschild fehlt oder nicht mehr lesbar ist.
- Verkürzungselemente nur gemäß den Herstelleranweisungen einsetzen.

7.5 Karabinerhaken

Ein Karabinerhaken ist ein Verbindungsmittel mit einem selbstschließenden Verschlussmechanismus.
Namensgebend ist die historische Verwendung zur Befestigung des Karabiners (Gewehrs) am berittenen Soldaten während der Schlacht. Heute finden Karabinerhaken eine breitgefächerte Verwendung, auch außerhalb des Militärs.

Bei der Feuerwehr findet man Karabinerhaken an verschiedenen Stellen, begonnen bei der Ventilleine an der Saugleitung (in einfachster Form) bis hin zu einem Gerätesatz Absturzsicherung.

Karabinerhaken existieren in verschiedenen Formen und werden aus unterschiedlichen Materialien hergestellt. Dazu zählen:

- Stahl
- Leichtmetall

Stahlkarabiner zeichnen sich durch eine höhere Bruchfestigkeit als ihre Pendants aus Leichtmetall aus, haben aber ein höheres Gewicht.

Zu beachten ist, dass die auf Karabinerhaken angegebenen Werte der Bruchlast entsprechen. Das bedeutet: Im Gegensatz zu Anschlagmitteln (Rundschlinge, Schäkel o.ä.) versagt das Material bei einer Belastung entsprechend des angegebenen Wertes. Die Bruchlast darf daher unter keinen Umständen mit dem o.g. Working Load Limit (WLL) verwechselt werden, bei dem noch der angesprochene Betriebskoeffizient hinzugerechnet wird.

Hinweis: Beim Erreichen der **Bruchlast** versagt der Karabinerhaken. Ein Anschlagmittel hat beim Erreichen des **Working Load Limits (WLL)** noch Reserven in Höhe des Betriebskoeffizienten!

Ein weiteres Unterscheidungsmerkmal bei Karabinerhaken stellt die so genannte „Verschlusssicherung“ dar. Sie sichert den Schnapper des Karabinerhakens gegen unbeabsichtigtes Öffnen. Der unten abgebildete Karabinerhakentyp aus Leichtmetall findet sich bspw. an der Feuerwehrleine, der Mehrzweckleine oder am Feuerwehrhaltegurt.

Abbildung 90: Karabinerhaken an Feuerwehrleine (Quelle: Linde)

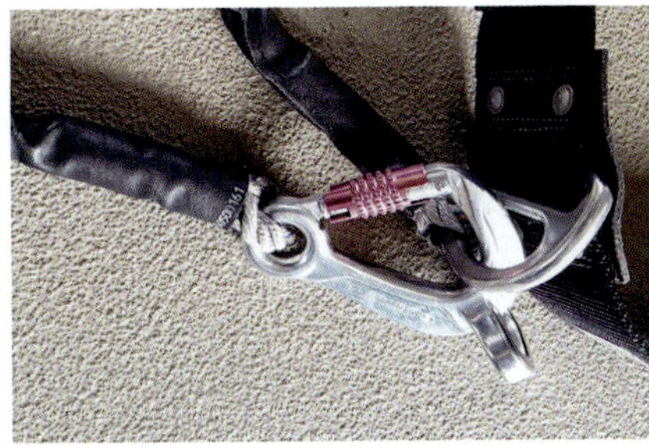

Abbildung 91: Karabinerhaken mit Verschlusssicherung am Feuerwehr-Haltegurt (Quelle: Seeger)

Für die Verwendung am Feuerwehr-Haltegurt dürfen nur noch Karabiner mit einer Verschlusssicherung zum Einsatz kommen. Karabiner ohne Verschlusssicherung wie in Abbildung 90 dürfen **nicht** zum Sichern von Personen gegen Absturz verwendet werden.

Die Bruchlast der Karabiner ist in diesen Fällen auf die entsprechenden Anschlagmittel, mit denen sie eine Einheit bilden, abgestimmt und unlösbar mit ihnen verbunden. Das verhindert Manipulation, die schnell zu einer nicht unerheblichen Gefahr für den Anwender werden kann.

Weitere genormte Karabinerhaken, die bei der Feuerwehr Verwendung finden, sind bspw. die HMS-Karabinerhaken. Deren birnenförmige Erscheinung ermöglicht der Halbmastwurfsicherung das „Umspringen“ beim Wechsel der Belastungsrichtung. Diese Typen von Karabinerhaken finden insbesondere in den Bereichen der Absturzsicherung und der speziellen Rettung aus Höhen und Tiefen („Höhenrettung“) Verwendung.

Aber auch bei den so genannten „Integrierten Rettungssystemen“ (IRS), einem in die Brandschutzkleidung eingefädelten Gurt, der die Funktion des Feuerwehr-Haltegurtes übernimmt, finden sich oftmals HMS-Karabinerhaken.

Abbildung 92:
HMS-Karabiner in typischer "Birnenform“
(Quelle: Seeger)

Alle Karabiner, die zur Sicherung von Personen gegen Absturz eingesetzt werden, müssen über eine Verschlusssicherung verfügen. Das wahrscheinlich bekannteste System ist der Schraubverschluss, bei dem die Verschlusssicherung in Form einer Schraubhülse festgeschraubt wird. Es bietet jedoch relativ niedrige Sicherheit – es reichen bereits drei Umdrehungen aus, um die Verschlusssicherung zu öffnen. Ebenso muss die Sicherung manuell verschlossen werden, was eine weitere Fehlerquelle darstellt.

Eine bessere Alternative bieten daher automatische Verschlusssicherungen. Diese lassen sich durch mehrere, voneinander unabhängige Bewegungen öffnen. Hierzu zählen insbesondere:

- 2-Wege-Verschluss („Twistlock“)
- 3-Wege-Verschluss („Trilock“)

Je nach Ausführung sind zwei Bewegungen (Drehen – Öffnen) oder drei Bewegungen (Schieben – Drehen – Öffnen) notwendig, um den Karabinerhaken zu öffnen. Der „Trilock"-Verschluss bietet von den hier aufgezählten Verschlusssystemen die höchste Sicherheit.

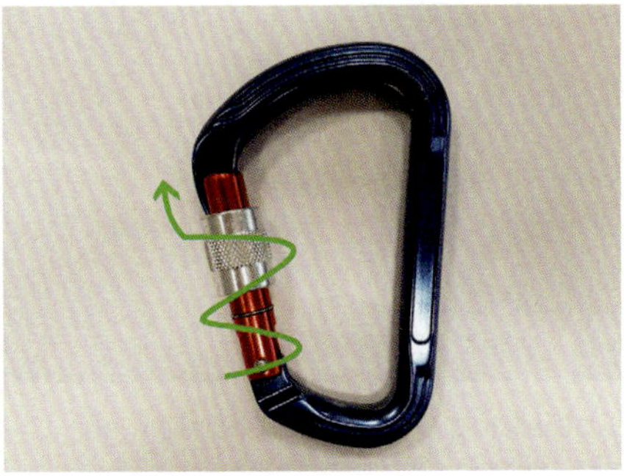

Abbildung 93: Funktionsweise einer Schraubverschlusssicherung – Verschlussrichtung (Quelle: Seeger)

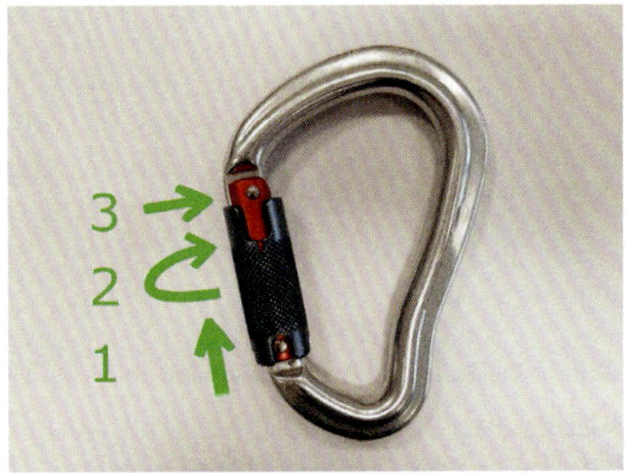

Abbildung 94: Funktionsweise einer 3-Wege-Verschlusssicherung „Trilock" – Öffnungsrichtung (Quelle: Seeger)

Solche genormten Karabinerhaken weisen eine Bruchlast von mindestens 20 kN in Längsrichtung auf.

Sicherheitshinweis: Für die Sicherung von Personen dürfen ausschließlich genormte und für diesen Zweck zugelassene Karabiner verwendet werden!

Neben den genormten Karabinerhaken mit geprüften Bruchlasten existieren noch weitere, einfache Typen von Karabinerhaken, bspw. an der Ventilleine der Saugleitung. Diese besitzen keine nennenswerte oder **gar keine** geprüfte Bruchlast und dürfen daher nur für einfache Befestigungen (z.B. Handschuhe an der Feuerwehrjacke) verwendet werden. Sie dürfen in keinem Fall zur Sicherung von Personen verwendet werden!

Abbildung 95: Ventilleine an der Saugleitung – ohne Angabe einer Bruchlast (Quelle: Linde)

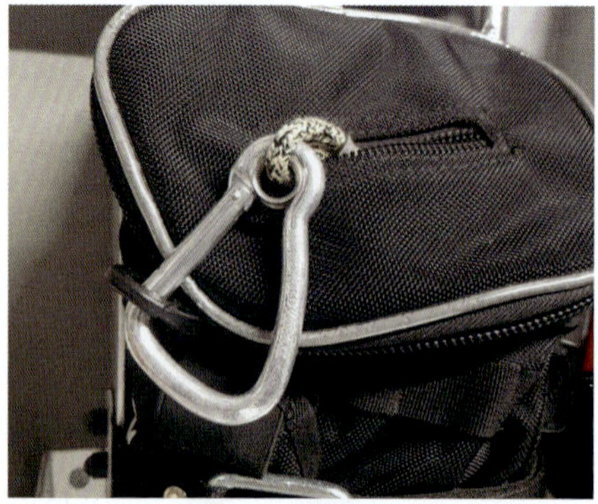

Abbildung 96: Karabinerhaken an einem Leinensuchsystem – Bruchlast 500 kg (Quelle: Seeger)

7.6 Selbstkontrolle und Testfragen

(Lösungen siehe Seite 104)

1. Was bedeutet die Kennzeichnung „WLL“ bei Anschlagmitteln?

a) Die Kennzeichnung „WLL“ steht für „Working Load Limit“, was übersetzt maximale Nutzlast bedeutet.
b) Die Kennzeichnung „WLL steht für „wahrscheinliches Last Limit“.
c) Die Kennzeichnung „WLL“ steht für „Warenlieferland“.

2. Welcher maximale Neigungswinkel beim Anschlagen zum Beispiel von Rundschlingen ist zulässig?

a) Der maximale Neigungswinkel von 60°.
b) Der maximale Neigungswinkel von 70°.
c) Der maximale Neigungswinkel von 80°.

3. Welcher Sicherheitspuffer ist nach DIN EN 1492-2 für Rundschlingen aus Chemiefasern erforderlich?

a) Doppelte Sicherheit.
b) Vierfache Sicherheit.
c) Siebenfache Sicherheit.

4. Woran ist die maximale Tragfähigkeit einer Rundschlinge zu erkennen?

a) An der Farbe.
b) An der Beschriftung.
c) An dem eingenähten Etikett.
d) An der Anzahl der umlaufenden Kennzeichnungsstreifen.

5. In welcher Farbe ist eine Rundschlinge der Tragfähigkeit 5 t gekennzeichnet?

a) In der Farbe Grün.
b) In der Farbe Grau.
c) In der Farbe Rot.
d) In der Farbe Violett.

6. Welche Einteilung ist für Anschlagketten gängig?

a) Einteilung in Güteklassen.
b) Einteilung in Schmiedeklassen.
c) Einteilung in Kettengüte.

7. Welcher Sicherheitspuffer ist für Anschlagketten der Güteklasse 8 erforderlich?

a) Ein Sicherheitspuffer von sechsfacher Sicherheit.
b) Ein Sicherheitspuffer von vierfacher Sicherheit.
c) Ein Sicherheitspuffer von doppelter Sicherheit.

8. Welche Kennzeichnung bezüglich der Festigkeit sind auf genormten Karabinerhaken zu finden?

a) Kennzeichnung Nutzlast.
b) Kennzeichnung Bruchlast und Sicherheitsfaktor.
c) Kennzeichnung Bruchlast.

8 Literatur- und Quellenverzeichnis

Feuerwehr-Dienstvorschrift FwDV 1 „Grundtätigkeiten – Lösch- und Hilfeleistungseinsatz“

Höffchen, Bernd; Lücking, Dirk: Feuerwehr Grundausbildung, Verlag W. Kohlhammer, Stuttgart

Rodenberg: Leinen und Knoten, Boorberg Verlag, Stuttgart

Deutscher Alpenverein (Hrsg.): Klettern – Sicherung und Ausrüstung (Alpin-Lehrplan 5), blv-Verlag, München

Deutsche Gesetzliche Unfallversicherung (Hrsg.), Berlin:

DGUV Regel 109-017 – Betreiben von Lastaufnahmemitteln und Anschlagmitteln im Hebezeugbetrieb

DGUV Grundsatz 305-002 – Prüfgrundsätze für Ausrüstungen, Geräte und Fahrzeuge der Feuerwehr

Deutsches Institut für Normung e.V. (DIN):

DIN 14921:2014-02 – Mehrzweckleinenbeutel

DIN 14922:2020-02 – Feuerwehrmehrzweckbeutel

DIN 14920:2020-11 – Feuerwehrleine – Anforderungen, Prüfung, Behandlung

DIN 14828:2004-10 – Seilschlauchhalter

DIN EN 1492-2:2009-05 – Rundschlingen aus Chemiefasern für allgemeine Verwendungszwecke

DIN 82016:2010-05 – Ladegeschirr – Zubehör- und Beschlagteile zum Heben und Zurren – Ladeschäkel

DIN 82101:2005-09 – Einzelteile zum Heben, Schleppen, Zurren – Schäkel, gerade – Unlegierter Qualitätsstahl

DIN EN 13889:2009-02 – Geschmiedete Schäkel für allgemeine Hebezwecke – Gerade und geschweifte Schäkel – Güteklasse 6 – Sicherheit

DIN EN 1846-2:2013-05 – Feuerwehrfahrzeuge – Teil 2: Allgemeine Anforderungen – Sicherheit und Leistung

DIN 14502-2:2022-10 – Entwurf – Feuerwehrfahrzeuge – Teil 2: Zusätzliche Festlegungen zu DIN EN 1846-2 und DIN EN 1846-3

www.atemschutzunfaelle.eu (Stand: 29.03.2023)

Lösungen

Lösungen zu Kapitel 1.2: 1. c); 2. c); 3. c)

Lösungen zu Kapitel 2.5: 1. b); 2. b) und c); 3. b); 4. b); 5. a)

Lösungen zu Kapitel 3.3: 1. c) und d); 2. c); 3. c); 4. b) und c); 5. b)

Lösungen zu Kapitel 4.4: 1. a); 2. c); 3. c)

Lösungen zu Kapitel 5.8: 1. c); 2. d); 3. b) und c)

Lösungen zu Kapitel 6.3: 1. b) und c); 2. a); 3. a)

Lösungen zu Kapitel 7.6: 1. a); 2. a); 3. c); 4. a), b), c) und d); 5. c); 6. a); 7. b); 8. c)